机载火控雷达技术及应用

姬宪法　严利华　张　扬　编著

航空工业出版社

北　京

内 容 提 要

本书介绍了机载火控雷达的主要体制、基本功能、各个组成及其工作原理。其特点在于从机载火控雷达的共性特点说明火控雷达系统的原理、采用技术及其应用。

本书分为7章，第1章介绍三种体制火控雷达的技术特点，是机载火控雷达系统的共性特点；第2章参数测量，介绍火控雷达对目标位置参数的测量方法；第3章介绍天线系统的基本原理，主要说明典型的抛物面天线、平板缝隙阵天线和相控阵天线的原理；第4章对雷达的发射和接收通道的原理进行说明；第5章介绍雷达频综器，对雷达工作过程中的主要信号进行说明；第6章介绍雷达对回波的信号和数据处理基本原理；第7章对火控解算进行简单说明，有利于理解火控雷达对武器的制导。

本书特点通俗易懂，注重雷达有关理论与实际相结合，可作为职业教育对雷达原理的学习教材，也可作为相关工程技术人员的参考书。

图书在版编目（ＣＩＰ）数据

机载火控雷达技术及应用／姬宪法，严利华，张扬编著． －－北京：航空工业出版社，2023.6
ISBN 978 － 7 － 5165 － 3378 － 9

Ⅰ．①机… Ⅱ．①姬… ②严… ③张… Ⅲ．①机载雷达-火控雷达 Ⅳ．①TN95

中国国家版本馆 CIP 数据核字（2023）第 097163 号

机载火控雷达技术及应用
Jizai Huokong Leida Jishu ji Yingyong

航空工业出版社出版发行
（北京市朝阳区京顺路 5 号曙光大厦 C 座四层　100028）
发行部电话：010 － 85672666　010 － 85672683

三河市航远印刷有限公司印刷	全国各地新华书店经售
2023 年 6 月第 1 版	2023 年 6 月第 1 次印刷
开本：787×1092　1/16	字数：288 千字
印张：11.25	定价：78.00 元

前　言

机载雷达问世到现在已经有 80 余年了。机载火控雷达作为飞机的眼睛，是飞机获取目标参数的重要传感器，它的发展伴随着军事上的需要而不断进步。

随着技术的不断发展和实际的需求，雷达的发展和应用蒸蒸日上。第二次世界大战期间，机载雷达得到了飞跃的发展，理论和技术都有了巨大的进步。20 世纪 50—60 年代雷达理论有了重大发展，提出了单脉冲、相控阵、脉冲压缩、合成孔径、脉冲多普勒概念，建立了匹配滤波器理论和统计检测理论。美国发明了栅控行波管，多种型号 PD 火控雷达开始研制。研制成功的雷达主要有 AWG–9 火控雷达（脉冲）、APS–96（E–2A）机载预警雷达。70—80 年代美国研制成功和装备了多种机载脉冲多普勒火控雷达。机载雷达由单脉冲雷达发展到脉冲多普勒体制雷达是一种质的飞跃，在这些雷达中，广泛采用了数字总线技术及高效平板缝隙阵天线、大功率低噪声行波管放大器、高精度频率综合器、DBS 波束锐化、卡尔曼滤波、恒虚警处理等现代雷达技术，大大提高了机载雷达的探测性能。典型设备主要有：装备在 F–16 飞机上的 APG–66，装备在 F–18 飞机上的 APG–65，装备在 F–15 飞机上的 APG–63 等，这些雷达至今仍在广泛使用。至今，相控阵技术的突破，使得机载火控雷达进入相控阵时代，APG–77（F–22），APG–81（F–35）就是有源相控阵机载火控雷达的典型代表，相控阵体制雷达具有同时多目标、大的功率口径积、反应时间快和高可靠性等优点，是机载雷达的发展方向。随着作战需求和新技术的不断应用，功能综合、孔径综合是机载火控雷达进一步发展趋势。

本书的编写是雷达课程教学的经验总结。姬宪法同志完成本书第 1、2、3、4 章内容的编写，并进行了统稿，严利华同志编写了本书的第 6、7 章，张扬同志编写了本书的第 5 章。雷达教研室的郝静毅、王道宽同志进行了部分插图的绘制和校对工作。

本书是一本适合初、中级技术人员阅读雷达技术应用教材，本书旨在对机载火控雷达技术应用加以阐述，为读者提供一种浅显易懂的机载火控雷达学习的入门手段。也可作为相关专业工程技术人员的参考书。

本书编写过程中，参阅了大量的雷达技术资料，在此一并表示感谢。由于编者水平有限，不足之处在所难免，希望读者谅解、批评指正。

编　者

2023 年 4 月

目　　录

第1章 机载火控雷达概述

机载火控雷达是飞机的眼睛，是飞机火控系统的重要设备。火控系统的主要作用是制导武器，飞机平台看得远、打得准，火控雷达的性能发挥至关重要。本章将主要讲述机载火控雷达的装备现状及其发展历程，重点说明普通脉冲体制雷达、脉冲多普勒体制雷达和相控阵体制雷达的技术特点，为后续理解具体型号的装备原理奠定基础。

1.1 火控雷达简介

1.1.1 雷达概述

雷达是英文 Radar 的译音，源于 radio detection and ranging 的缩写，原意是"无线电探测和测距"，即用无线电方法发现目标并测定其在空间的位置，因此雷达也称为"无线电定位"。随着雷达技术的发展，雷达的任务不仅是测量目标的距离、方位和仰角，而且还包括测量目标的径向速度，以及从目标回波中获取更多有关目标的信息。

雷达的工作原理与蝙蝠看物体有类似之处。蝙蝠，虽然像人一样拥有双眼，但它看起东西来，用到的却不是眼睛。蝙蝠从鼻子里发出的超声波在传输过程中遇到物体后会立刻反弹，根据声波发射和回波接收之间的时间差，蝙蝠就可以轻易地判断出物体的位置。

雷达是利用目标对电磁波的反射（或称为二次散射）现象来发现目标并测定其位置的。飞机、导弹、人造卫星、舰艇、车辆、兵器、炮弹以及建筑物、山川、云雨等，都可能作为雷达的探测目标，这要根据雷达用途而定。

雷达的产生与发展与实践的需求和电子信息等相关技术的发展密切相关。

1935 年，英国科学家罗伯特·沃森·瓦特爵士研制了世界上第一部雷达。当时正值第二次世界大战前夕，轰炸机在战争中已经扮演了重要的角色，为了发现入侵的轰炸机，最初只能利用探照灯或声学的手段，但是这种方法提供的预警时间太短，不能满足防空需要。

为了缓解巨大的防空压力，1935 年初，瓦特研制出一部能够接收电磁波的设备。同年 6 月，瓦特领导的团队研制出了世界上的第一部雷达。多座高塔是这部雷达的最显著特征，高塔之间挂列着平行放置的发射天线，而接收天线则放置在另外的高塔上。7 月，这部雷达探测到海上的飞机。

1936 年 5 月，英国空军决定在本土大规模部署这种雷达，称为"本土链"（Chain Home），到 1937 年 4 月，本土链雷达工作状态趋于稳定，能够探测到一定距离以外的飞机；到了 8 月，已经有三个本土链雷达站部署完毕。而到了 1939 年初，投入使用的雷达站增加到 20 个，形成贯通英国南北的无线电波防线。

1936 年，美国无线电公司开发出一种小型电子管，可产生波长 1.5m，工作频率 200MHz 的电磁波。

1937 年 8 月，世界上第一部机载雷达样机诞生，它由英国科学家爱德华·鲍恩领导的研究小组研制的，安装在一架双发动机的"安森"飞机上，探索作为截击雷达的可能性。结果雷达在空中没有发现任何空中飞机，却把海面上的几艘船看得清清楚楚。原因是，舰船反射雷达回波的能力要比飞机反射回波的能力强几十倍。因此，在海情良好的情况下，机载雷达发现舰船的距离要比发现飞机的距离远得多。但当海情恶劣时，舰船回波容易受到海浪的干扰，雷达发现距离会大幅度下降。

1940年2月，英国科学家发明磁控管，第一次使得雷达工作频率从米波提高到分米波，从而使得雷达终于进入微波时代。微波收发开关的发明使得雷达不再需要分置的两个天线，将用于接收和用于发射的天线合二为一。

磁控管的发明，收发天线的共用，以及天线形式的演变，奠定了机载雷达的技术基础，使雷达适合在飞机上安装，20世纪40年代中期，雷达已经具备了机载应用的条件。

1.1.1.1 雷达方程

雷达是利用无线电波探测目标，通过目标对电磁波的反射回波来确定目标位置的，这是雷达探测目标的物理依据。具体来讲，目标对电磁波的二次辐射，是雷达发现目标的物理基础，电磁波在空间等速直线传播，是雷达测量目标距离的物理基础，电磁波的定向辐射和接收，是雷达测量目标角度的物理基础，目标回波的多普勒效应，是雷达测量目标速度的物理基础。

各种目标对光都有反射作用，这是大家都知道的道理。光也是一种电磁波，只不过它的频率比无线电波的频率高得多，所以无线电波和光波一样都是电磁能流，而且都具有定向、直线传播特性，且传播速度等于光速 c。

当雷达天线辐射的电磁能流直线向前传播照射到目标时，会引起电磁能流的反射（目标对电磁波的二次散射特性），如图1-1所示，一部分能量沿入射方向反射回去，被雷达接收后称为目标回波。由于目标回波的存在，雷达即探测到目标（发现了目标）。

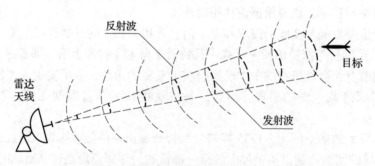

图1-1　雷达探测目标

雷达接收的目标回波，携带着目标的位置及特征信息。目标的位置信息是指目标相对雷达的距离、方向角（方位、俯仰角）及径向速度；目标的特征信息是指目标的尺寸、形状，以及目标的振动、飞机螺旋桨的转动或喷气发动机的转动（使回波产生特殊的调制）等。

目标的距离信息反映在回波脉冲相对于发射脉冲的延迟时间上；目标的方向角反映在接收到目标回波时，雷达天线的指向角上；目标的径向速度信息反映在回波信号的射频频率的变化量（多普勒频率）上，以及回波脉冲的距离变化率上。

目标的尺寸、形状信息反映在雷达接收回波信号在纵向（距离）及横向（方位）的宽度上；另外，目标的振动、飞机螺旋桨的转动或喷气发动机的转动会使回波产生特殊的调制（可通过对雷达回波信号的频谱分析来检测）。

雷达方程是雷达对目标距离测量的理论根据。它表征了雷达的发射通道、接收通道主要技术参数与雷达探测性能之间的基本定量关系。

雷达辐射的电磁波照射到目标引起反射回波被雷达天线接收的示意图如图 1 - 2 所示。

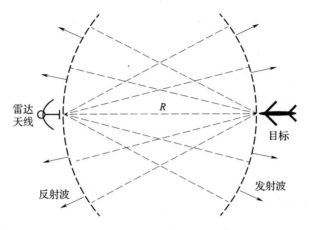

图 1 - 2　雷达波的发射和反射

设天线发射的峰值功率为 P_τ（注意，峰值功率就是在一个脉冲期间的平均功率，即通常所说的脉冲功率），若天线不是定向天线，则此功率在自由空间以球面波向四处传播，在离天线 R 处的功率密度（即单位面积上的功率）为

$$S = \frac{P_\tau}{4\pi R^2} \tag{1-1}$$

实际上，雷达天线都是定向的，它的天线增益为 G。本来不定向天线的功率是向四周均匀发射的，现在被集中到天线的前方，因此，沿天线最大辐射方向相距 R 处的功率密度应是

$$S = \frac{P_\tau G}{4\pi R^2} \tag{1-2}$$

如果此处有一目标（见图 1 - 1），它的有效反射面积为 σ，则此目标截获的功率为

$$\sigma \cdot S = \frac{P_\tau G \sigma}{4\pi R^2} \tag{1-3}$$

目标把截获的功率全部反射到空间，由于目标反射是没有方向性的，故反射的功率是以球面波向四周传播。它反射到雷达天线处的功率密度应是式（1 - 3）除以半径为 R 的球面，即

$$S' = \frac{\sigma \cdot S}{4\pi R^2} = \frac{P_\tau G \sigma}{(4\pi R^2)^2} \tag{1-4}$$

若雷达天线的有效面积是 A，则天线接收到的目标反射回来的功率为

$$A \cdot S' = \frac{P_\tau G A \sigma}{(4\pi R^2)^2} \tag{1-5}$$

现在，天线接收到的目标反射功率 AS' 的大小若刚好等于接收机最小可接收的信号功

率 S_{imin}，那么这时目标距离 R 应为雷达的最大探测距离 R_{max}。于是有

$$S_{imin} = \frac{P_\tau G A \sigma}{(4\pi)^2 R_{max}^4} \qquad (1-6)$$

$$R_{max} = \left[\frac{P_\tau G A \sigma}{(4\pi)^2 S_{imin}} \right]^{\frac{1}{4}} \qquad (1-7)$$

式中：P_τ——发射脉冲功率，W；

    G——天线增益；

    A——天线有效面积，m^2；

    σ——目标有效反射面积，m^2；

    S_{imin}——接收机最小可接收的信号功率。

式（1-7）即为雷达方程的基本形式，它表示雷达的最大探测距离由哪些因素决定。

雷达探测能力与目标对入射电磁波的散射特性息息相关，这种特性由目标的雷达截面积（radar cross section，RCS，曾称雷达散射截面）来度量。目标的 RCS 越大，被雷达看到的可能性越大。

RCS 的大小与目标的尺寸、形状、材料以及入射波的波段和入射角度等有关，单位 m^2。一般而言，结构尺寸越大，其 RCS 也越大，一只苍蝇的 RCS 约为 $0.000025m^2$，一只大雁的 RCS 约为 $0.016m^2$。目标的几何形状对其 RCS 影响较大，目前，隐身飞机主要是通过特殊外形设计来减小其 RCS；不同材料对电磁波的散射特性性能不同，涂覆特殊的吸波材料实现隐身效果。目标的 RCS 还受到雷达波的入射频率影响，与入射角度相关。

1.1.1.2 雷达的基本工作原理

雷达有三种基本工作状态，即对目标的搜索状态和跟踪状态以及对地面的地图测绘。

（1）搜索状态工作原理

搜索状态是指雷达天线辐射的电磁波束在一定空域内不断扫探的工作状态。

雷达发射的电磁波同探照灯发出的光束一样是一个波束，只能照射一个很小的区域。要想在一个大的空间范围内搜索探测目标，必须使波束在空间按照一定规律移动，这种波束的移动称为扫探（扫描）。波束扫探的轨迹称为搜索扫描图形，扫探覆盖的区域称为扫描空间。例如，机载火控雷达在搜索时的常用搜索扫描图形如图 1-3 所示。

在这种状态下，雷达伺服系统控制天线在方位、俯仰角度上按一定规律转动，当天线波束扫过目标时引起目标反射回波，目标反射回波被雷达接收后进入接收机进行放大变换成视频回波信号，然后经检测处理后在显示器上显示目标的空间位置数据。

搜索状态下，雷达信号处理系统通过目标回波脉冲信号测定目标的空间位置数据，并在显示器上显示搜索空域内的所有目标的位置信息。

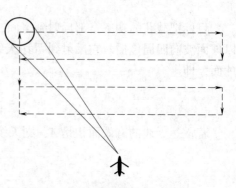

图 1-3　波束扫探搜索扫描图形

　　搜索状态下由于雷达天线处于不断转动扫描状态，因此每一个目标的回波是断续的，即在一帧的扫描时间内每个目标只有一串回波脉冲；回波脉冲串的长度决定于天线波束照射目标的时间（由天线扫描速度及天线波束宽度决定），回波脉冲串中脉冲个数的多少决定于发射脉冲重复频率。

　　（2）跟踪状态（单目标）工作原理

　　跟踪状态（单目标）是指雷达天线波束始终照射住一个目标的工作状态。

　　在这种状态下，由于天线波束始终照射目标，所以目标回波脉冲信号是连续的，因此雷达可以对此目标的位置进行连续的精确测定，并将测定的目标位置数据送到火控系统，以便对目标进行精确的攻击计算及对导弹的攻击位置进行装定（setting）。

　　跟踪状态下，雷达接收机输出的目标回波信号有和路信号及差路信号。

　　雷达利用和路回波信号来测定目标的距离和相对速度，利用差路回波信号实现对雷达天线的控制，使其能够始终照射目标。

　　差路（方位、俯仰）回波信号与目标空间位置的关系如图1－4所示。

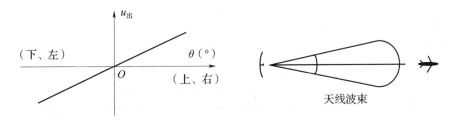

图1－4　差路（方位、俯仰）回波信号与目标空间位置的关系

　　图中画出了俯仰差回波信号与目标空间位置的关系，即目标在俯仰上处于波束轴线上时，俯仰差信号为零；当目标偏离轴线上方时，俯仰差信号不为零，且其从接收机相位检波器的输出为正脉冲信号；当目标偏离轴线下方时，俯仰差信号也不为零，且其从接收机相位检波器的输出为负脉冲信号。

　　同样，当目标在方位上处于波束轴线上时，方位差信号为零；当目标偏离轴线右方时，俯仰差信号不为零，且其从接收机相位检波器的输出为正脉冲信号；当目标偏离轴线左方时，俯仰差信号也不为零，且其从接收机相位检波器的输出为负脉冲信号。

　　依据差路信号的上述特性，对差路信号进行处理可以实现对天线转动的控制，使天线波束始终照射目标，实现对目标的稳定跟踪。

　　（3）地图测绘原理

　　利用机载雷达进行地图测绘是利用地面不同物体对雷达电磁波反射能力的不同来实现的，即通过显示天线波束扫过地面时所接收的回波信号强度的差异，在显示器上显示出一幅地面图形，即地面图。

　　雷达地图的分辨率远小于光学照片的分辨率，图1－5示出了同一地面的雷达地图显示图片和光学照片，虽然雷达地图的分辨率较差，但主要大型地貌特征已充分显示出来。

　　利用机载雷达进行地图测绘的工作方式通常有实波束、多普勒波束锐化（DBS）、合成孔径雷达（SAR）等。不同的工作方式，采用不同的技术方法对地面回波信号进行处理，从而得到不同的地图显示精度。

雷达图像（3m分辨率）　　　　　　　　光学照片

图 1 - 5　同一地面的雷达地图与光学照片

1.1.2　国外机载火控雷达装备现状

目前外军战斗机装备的部分典型机载火控雷达如表 1 - 1 所示。

表 1 - 1　外军主要机载火控雷达装备情况

雷达体制	装备机型	雷达型号
脉冲多普勒体制	F - 15（美）	AN/APG - 63
	F - 16（美）	AN/APG - 66/68
	F - 18（美）	AN/APG - 65
相控阵体制	F - 2（日）	J/APG - 1
	F - 18（美）	AN/APG - 79
	F - 22（美）	APG - 77
	F - 35（美）	APG - 81

从表中可以看出，目前外军装备的机载火控雷达主要以脉冲多普勒体制和相控阵体制为主。

脉冲多普勒体制的机载火控雷达有：F - 15 飞机装备的 AN/APG - 63（F - 15A/B）、AN/APG - 63V1（F - 15A/B/C/D）、AN/APG - 70（F - 15E）等；F - 16 飞机装备的 AN/APG - 66（F - 16A/B）、AN/APG - 68（V）（F - 16C/D）；F - 18 飞机装备的 AN/APG - 65（F - 18A）、AN/APG - 73（F - 18C/D）等。

相控阵体制机载火控雷达主要有：F - 15 飞机改进升级后装备的 AN/APG - 63V2（F - 15C/D）；F - 16 飞机改进升级装备的 AN/APG - 83；F - 18 飞机装备的 AN/APG - 79（F - 18E/F）；日本 F - 2 飞机装备的 J/APG - 1；F - 22 飞机装备的 AN/APG - 77；F - 35 飞机装备的 AN/APG - 81 等。

机载相控阵火控雷达是机载火控雷达的一个发展方向。

1.2 三种体制机载火控雷达技术特点分析

1.2.1 普通脉冲体制雷达技术特点

典型的普通脉冲雷达的组成如图1-6所示。

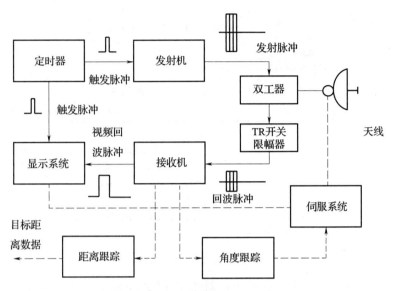

图1-6 脉冲雷达系统的基本组成框图

由图可以看出，它主要是由天线、发射系统、接收系统组成，工作原理是在定时器触发脉冲的作用下，控制雷达发射电磁波，接收目标回波，完成雷达探测目标的基本功能。雷达组成结构中还有专用的距离跟踪系统和角度跟踪系统，实现对目标的稳定跟踪。因此普通的脉冲体制机载火控雷达具有以下特点：

①作为一部机载火控雷达，要能完成对目标的搜索和跟踪功能，所以是一部精密跟踪雷达。

②在完成对目标距离和角度测量过程中，需要对目标回波中的距离信息、角度信息进行处理，因此必须具有多个接收通道，所以普通脉冲体制雷达要采用多路接收技术。

具体来讲，就是利用和信号（ABCD 4 个象限波束信号之和），获取目标的距离信息，利用雷达的方位差波束和俯仰差波束实现对目标偏离天线中轴线位置的测量。

雷达的伺服系统就是利用目标偏离天线中轴线的偏差值，作为控制量（利用的是方位和俯仰差波束的信号差），去控制天线伺服系统实现转向目标，实现目标距离和角度的连续测量，即跟踪状态。

③普通脉冲体制雷达对目标的检测是时域检测。

普通脉冲体制雷达对目标的检测是在时域范围内完成的。如图1-7所示，坐标横轴是时间，坐标纵轴是信号幅值，其实质是在时域范围中，目标回波和噪声（杂波）之间幅度上的对抗、比较。

对目标回波时域检测的方法，当雷达波束向上探测目标时（上视），雷达可以正常探测目标，工作正常。但是当雷达波束下视探测目标时，会发生什么情况呢？

图1-8是雷达下视探测目标的示意图。

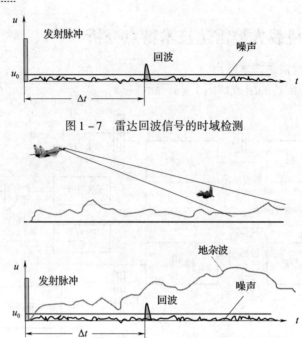

图 1 - 7 雷达回波信号的时域检测

图 1 - 8 雷达下视探测目标

图中可见，这种情况下，雷达探测不到载机下方的目标，即普通的脉冲体制雷达无下视能力，客观上存在无法下视探测目标的缺陷。这是因为雷达下视探测目标时，雷达波束照射到目标的同时也照射到了地面，而地面的面积很大，要比目标飞机大得多，回波很强，地面的回波很轻松地就把目标给淹没掉了，这就是普通脉冲体制雷达为什么不能下视检测目标的原因。

结论：普通的脉冲体制雷达具有雷达搜索和跟踪目标的基本功能，但是也有明显的缺点，那就是无法有效检测载机下方的目标，这就是第二代战斗机（简称二代机）① 作战术机动到对手飞机下方可以摆脱敌方跟踪的技术背景所在。

既然普通脉冲体制雷达在时域里检测目标存在这方面的问题，那么如何解决呢？我们换个角度，时域里存在的问题在频域里面能不能解决呢？

下面我们讨论脉冲多普勒（PD）雷达的技术特征。

1.2.2 脉冲多普勒雷达技术特点

脉冲多普勒雷达工作的物理基础是多普勒效应。那么，什么是多普勒效应呢？脉冲多普勒效应的物理定义是物体辐射的波长因为波源和观测者的相对运动而产生变化。

日常生活中，当汽车向你驶来时，我们感觉音调变高（频率升高）；当汽车离你远去时，感觉音调变低（频率降低）。这种由于汽车和观察者之间有相对运动，使观察者感到频率变化的现象就是多普勒效应。

空中飞行的两架飞机同样存在多普勒效应。图 1 - 9 所示为两架飞机之间产生的多普勒效应。只要我机（载机 V_R）和目标机（V_T）之间径向方向上存在相对速度差 V_r，就会

---

① 关于战斗机的划代，目前有"四代机"和"五代机"的说法，我国过去多用"四代机"；美、俄等国现在多用"五代机"，如美国的 F - 22、F - 35，俄罗斯的苏 - 57 等称为五代机。

产生多普勒频移 f_D。即

$$f_D = \frac{2V_r}{\lambda} \tag{1-8}$$

可见，我们只要检测到了 f_D，也就相当于检测到了目标，与载机雷达波束的上视或下视无关，这就解决了普通脉冲体制雷达不能下视探测目标的问题。

PD 雷达为了能从强杂波背景中发现目标，必须从频域中检测目标，即在频域中依据多普勒频率的不同来区分杂波和目标，将有用的目标信号检测出来。

在频域中检测目标的基本方法是利用窄带多普勒滤波器组对回波信号的多普勒频率进行检测。

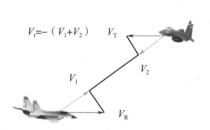

图 1-9　空中两架飞机存在多普勒效应

既然是地面杂波对雷达检测目标造成的影响，那么地面杂波是什么特点？它又与运动目标之间有什么样的关系呢？

1.2.2.1　地面杂波分析

雷达接收的无用回波称为杂波，通常有环境噪声（宇宙噪声）、人为电磁干扰和地面回波等。地面回波是指雷达波束与地面、海面等交截后产生的回波。对于探测飞行目标或地面运动目标的机载雷达来说，地面回波是无用的杂波（地图测绘情况下除外）。

对机载雷达来说，地面杂波是由于雷达天线主、副瓣波束照射地面引起的，如图 1-10 所示。

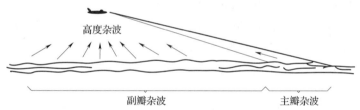

图 1-10　地面杂波的三种类型

由于机载雷达与地面之间存在着相对运动，因而地面杂波也产生多普勒频移。根据多普勒频移的差别，地面杂波被分为三种类型，即主瓣杂波、副瓣杂波和高度杂波。其中主瓣杂波是雷达天线主波束照射地面形成的回波，副瓣杂波和高度杂波则是由雷达天线副瓣波束照射地面形成的回波。

地面杂波对雷达来说，不仅在时域中影响对信号的检测（特别是在中、低空飞行状态下），而且在频域中也影响对运动目标的检测性能。因此，弄清地面杂波的频谱特性。是掌握 PD 雷达信号处理技术方法及性能的重要内容。

（1）主瓣杂波

主瓣杂波是雷达天线主瓣波束照射地面时被雷达接收的散射回波，其强度与雷达发射功率、地面对电磁波的反射能力及载机高度等因素有关。由于与主瓣相交的地面面积很大，且主瓣增益又高，所以主瓣杂波通常很强，比来自任何飞机的回波都要强得多。

（2）副瓣杂波

副瓣杂波是雷达天线若干个副瓣波束照射到地面时产生的回波。其强度与雷达载机的高度、地面散射特性、载机飞行速度和天线的副瓣电平等因素有关。

（3）高度杂波

高度杂波是由与载机运动方向垂直和接近垂直的副瓣波束照射地面引起的回波，它是副瓣杂波中的一种特殊情况。由于此类回波离雷达载机的距离最近（飞机高度），而且通常有一个范围可观的区域，使得在幅度与距离的关系曲线上，来自该区域的副瓣回波呈现为一个尖峰脉冲，如图 1 – 11 所示。由于此回波的距离通常等于雷达载机的绝对高度，故称为高度杂波。

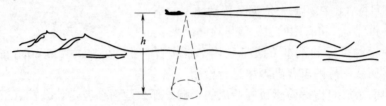

图 1 – 11　高度杂波示意图

高度杂波不仅比周围的副瓣杂波强得多，而且可能会同主瓣杂波一样强，这是因为产生高度杂波的区域面积不仅十分大（大于主瓣波束照射面积），而且是处于极近的距离上。

主瓣杂波和高度杂波强度比较大，在雷达频域检测目标时要通过滤波器将其滤除掉，雷达对目标的检测实际都是在副瓣杂波背景下完成的。那么目标在不同运动状态下与地面杂波之间的关系如何呢？

1.2.2.2　地面杂波频谱与运动目标频谱的关系（运动目标与地面杂波的关系）

在熟悉了主瓣杂波、副瓣杂波和高度杂波的特性之后，让我们来简要地观察一下合成的杂波多普勒频谱以及它与典型工作情况下、典型飞行目标的回波多普勒频率之间的关系。这里我们假设脉冲重复频率高得足以能够避免多普勒频率模糊。

图 1 – 12 所示为迎头飞行中目标多普勒频率与杂波多普勒频率之间的关系。因为目标的接近速度高于雷达载机的速度，所以目标的多普勒频率高于任何地物回波的多普勒频率。

图 1 – 13 表明了在接近速度较低的情况下，例如，在尾随追踪中，目标多普勒频率与杂波多普勒频率之间的关系。因为目标的接近速度低于雷达载机的速度，所以目标的多普勒频率落入了副瓣杂波占据的频带内。它究竟落于何处，取决于目标接近速度的大小。

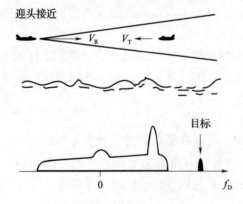

图 1 – 12　目标的多普勒频率高于任何
地物回波的多普勒频率

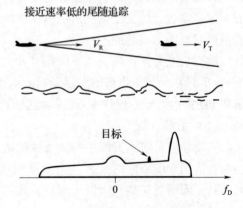

图 1 – 13　目标的多普勒频率落入了
副瓣杂波占据的频带内

在图 1-14 中，目标的速度垂直于从雷达到目标的视线。因而，目标回波具有和主瓣杂波相同的多普勒频率。飞行中的两架飞机只是偶然地达到这样的一种关系，并且通常保持时间很短。

在图 1-15 中，目标的接近速度为零。在这一情况下，目标回波具有和高度杂波相同的多普勒频率。

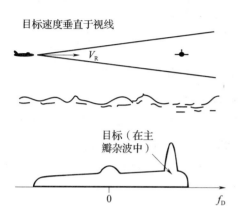

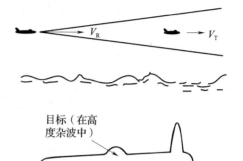

图 1-14　目标回波具有和主瓣杂波
相同的多普勒频率

图 1-15　目标回波具有和高度杂波
相同的多普勒频率

在图 1-16 中，画出了两个离去的目标。目标 A 的离去速度高于雷达的地速 V_R，所以这一目标出现于副瓣杂波频谱负频率端之外的清晰区内。反之，目标 B 的离去速度低于 V_R，所以这一目标出现于副瓣杂波频谱的负频率范围之内。

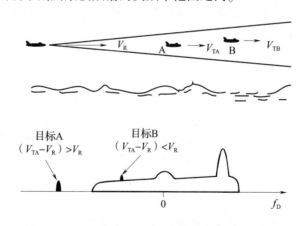

图 1-16　离去的目标的多普勒频率出现负频率区

参照这些情况，就很容易画出任何实际情况下目标回波和地物回波多普勒频率之间的关系，如图 1-17 所示，假设多普勒频率是不模糊的。

除了对频域里对雷达信号处理抑制地面杂波外，实际的雷达装备中，对地面杂波影响的消除，还采用了增加一个保护通道的方法来对强的地面点状杂波进行抑制。

具体方法如下：保护天线安装位置在平板裂缝天线的下端，向下倾斜 40°，目的是便于接收地面回波信号。保护天线为喇叭天线，其方向性保证其在各个方向接收的地面回波

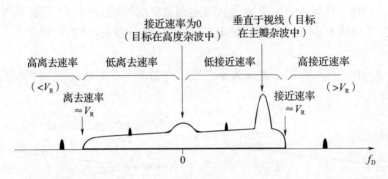

图 1 – 17 在各种目标接近速度下的目标多普勒频率与地面杂波频谱之间的关系

信号幅度都大于经平板缝隙阵天线副瓣接收的地面回波信号幅度。这样在中、低空条件下，某一距离上的地面强目标虽经主天线副瓣被雷达接收，但同一地面目标经保护天线接收的信号强度大于主天线接收的信号强度。因此，PD 雷达在信号处理时通过保护逻辑判别，可将主通道地面强目标回波信号滤除不输出，这样就避免了地面强目标对雷达造成的虚警。

由上分析知，PD 雷达具有以下技术特点：

具有良好的地面杂波抑制能力，能在很强的地面杂波背景中检测出运动目标信号。利用运动目标的回波信号具有多普勒频移的特点，将其与固定目标区分开来。可以认为脉冲多普勒雷达就是一部复杂的频谱分析设备。

1.2.3　相控阵体制雷达技术特点

1.2.3.1　脉冲多普勒雷达的不足分析

前面我们分析了脉冲多普勒雷达采用频域滤波的方法解决了普通脉冲体制雷达不能下视探测目标的不足，雷达的性能得到提升，主要装备在三代机上和一部分二代机改装上。但是对于新一代飞机（四代机）来说，其战术要求更高，机械扫描的脉冲多普勒机载火控雷达已不能完全满足其战术要求。

与电子扫描的相控阵雷达相比，三代机装备的脉冲多普勒火控雷达都采用机械扫描天线和大功率集中式发射机。经过多年的发展，脉冲多普勒火控雷达的性能得到了极大提升，但是由于受到天线机械扫描速度和集中大功率雷达发射机的发射功率和可靠性等因素的限制，脉冲多普勒机载火控雷达的性能提升遭遇了众多的瓶颈，主要包括如下几个方面。

（1）目标数据率低

受机械扫描惯性的限制，雷达波束难以实现高速扫描，更不可能实现波束指向的跳变即波束捷变。由于波束扫描速度受限，在大范围扫描时，雷达探测输出的目标数据率较低。

（2）多目标跟踪能力差

现代战斗机都要求机载雷达具有多目标跟踪能力。但由于不具备波束指向捷变的能力，传统机械扫描雷达都是利用边跟踪边扫描（track while search，TWS）方式实现多目标跟踪。这种工作方式利用天线搜索获取的目标测量数据，采用数字跟踪滤波的方式对多个目标的空间位置和运动参数进行估计，对目标的跟踪精度较差。在脉冲多普勒雷达中还采用了双目标跟踪（dual target track，DTT）工作方式实现对两个空中目标的同时跟踪。在 DTT 方式下，雷达天线的指向在两个目标方向快速轮换。虽然 DTT 能够实现相对 TWS 更高精度的跟踪，但这时丧失了对其他空域的监视能力并且跟踪目标的数量难以进一步增加。

（3）难以实现雷达同时多功能

现代飞机作战的战场环境复杂，战场态势瞬息万变，飞行员要随时掌握战场的态势信息。而传统机扫雷达在专注某项任务时，往往失去了对空域态势的监视功能，容易受到敌方威胁。例如，战斗机在超低空突防时，为保证飞行安全，要求雷达具有地形跟随和地物回避功能，但同时又要求雷达保留对空搜索功能，以便及时发现敌方威胁；在执行对地面和海上目标攻击时，也要求雷达能同时监视空情，准备随时转入空战方式，以确保自身安全。另一方面，随着射频综合技术的发展，要求雷达扩展电子战功能和导弹制导数据链等新功能，而且这些任务要求与雷达搜索、跟踪任务同时进行。上述这些不同的任务都有特定的、完全不同的扫描方式和角域扫描范围，同时多功能要求雷达具有在同一时间内实现这些不同的扫描方式和扫描范围的能力，这是机械扫描天线难以胜任的。

（4）可靠性低

根据统计，目前服役的机载脉冲多普勒雷达的平均故障间隔时间多为数十小时，是所有航空电子设备中可靠性最薄弱的环节之一。造成脉冲多普勒雷达可靠性低的主要原因还是天线的机械扫描和集中式发射机的高压、大功率。由于机械扫描天线快速往复的机械运动，带来一系列问题：冲击振动造成的电连接器接触不良；电子器件和部件的损坏；射频旋转关节密封的损坏而导致的功率击穿造成微波器件的损坏。高功率和高电压是降低雷达可靠性的另一杀手。由于有一定的作用距离要求，机载雷达平均发射功率多在几百瓦到几千瓦之间，难以用固态器件产生这样大的功率，因此电真空器件（行波管、速调管和磁控管）依然是机载雷达的主要功率器件，而它们都采用了高电压和大功率的工作方式。电真空器件不仅本身可靠性低，而且若是屏蔽、绝缘、隔离和密封不慎，还会导致一系列诱发故障。

（5）雷达截面积大

机载雷达、飞机座舱和发动机进气道是战斗机的三大主要散射源。由于脉冲多普勒雷达天线的扫描运动，容易周期性地与敌方雷达探测信号形成镜面反射，使飞机的雷达截面积出现急剧放大；另外天线扫描器基座也是重要的散射部件。由于天线的转动也难以采取有效的 RCS 缩减，这限制了脉冲多普勒雷达在隐身飞机上的应用。

要突破以上瓶颈，发展有源相控阵技术是最可行和最有效的选择。有源相控阵技术采用电子控制的波束扫描方式克服了机械扫描的惯性限制，同时采用分布式功率放大、大功率微波信号空间合成的方式和射频低损耗提高了探测距离，在高可靠性方面也具有先天的优势。

1.2.3.2　什么是相控阵雷达

相控阵雷达是采用了相控阵天线的雷达，相控阵天线是采用电子的方法实现雷达波束的扫描。所谓"相控阵"，即"相位控制阵列"的简称。顾名思义，相控阵雷达的天线是由许多辐射单元排列而成，而各个单元的馈电相位是由计算机灵活控制的阵列。通常，这种雷达天线的辐射单元少的有几百，多的可达几千，甚至上万，每个单元都有一个可控移相器，通过控制这些移相器的移相量，来改变各单元间的相对馈电相位，从而改变天线阵面上电磁波的场分布，使雷达天线波束在空间按一定规律扫描，因此称为相控阵雷达。

1.2.3.3　相位扫描基本原理

我们知道，阵列天线一般有两种基本的形式，一种称为线阵列，所有单元都排列在一条直线上；另一种称为面阵列，辐射单元排列在一个面上，通常是一个平面。

为了说明相位扫描原理，我们讨论图 1 – 18 所示 N 个带有移相器的相同单元的线性阵列的扫描情况，相邻单元间隔为 d。与直线阵相垂直的方向为天线阵的法线方向，或称为"基本轴"。为便于分析，设各单元移相器输入端均为等幅同相馈电，且馈电相位为零。各个移相器能够对馈入信号产生 $0 \sim 2\pi$ 的相移量，按单元序号的增加其相移量依次为 ϕ_1，ϕ_2，ϕ_3，…，ϕ_{N-1}，ϕ_N。

当目标处于天线阵法线方向时，要求天线波束指向目标，即波束峰值对准目标，如图 1 – 18 中（a）所示。由阵列天线的原理可知，只要各单元辐射同相位的电磁波，则波束指向天线阵的法线方向。根据阵列天线这一结论，若对相控阵天线中各个移相器输入端同相馈电，那么，各个移相器必须对馈入射频信号相移相同数值（或均不移相），才能保证各单元同相辐射电磁波，从而使天线波束指向天线阵的法线方向。换句话说，各个移相器的相移量，应当使相邻单元间的相位差均为零，天线波束峰值才能对准天线阵的法线方向。

在目标位于偏离法线方向一个角度 θ_0 时，若仍要求天线波束指向目标，则波束扫描角（波束指向与法线方向间的夹角）也应为 θ_0，如图 1 – 18（b）所示。倘若波束指向与电磁波等相位面垂直，即波束扫描一个 θ_0 角度，则电磁波等相位面也将随之倾斜，见图中 $M'M$ 方向，它与线阵的夹角也为 θ_0。这时，各单元就不应该是同相辐射电磁波，而需要通过各自的移相器，对馈入射频信号的相位进行必要的调整。

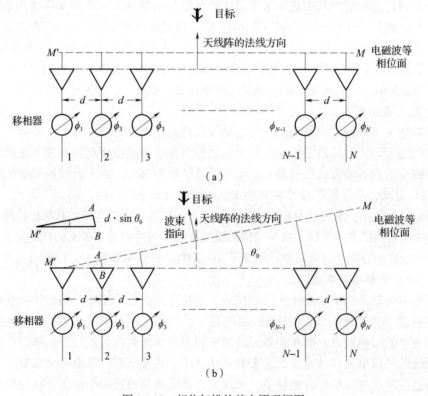

图 1 – 18　相位扫描的基本原理框图

首先讨论单元 1 与单元 2 的移相器对馈入射频信号的相移情况。假设单元 1 与单元 2 的移相器分别对馈入的射频信号相移了 ϕ_1 和 ϕ_2，那么单元 1 辐射的电磁波到达等相位 M' 点的相位为 ϕ_1，而单元 2 辐射的电磁波由于在空间多行程一段距离 AB，故到达等相位面时的相位为

$$\phi_2 - \frac{2\pi}{\lambda} \cdot d \cdot \sin\theta_0 \tag{1-9}$$

根据等相位条件，在等相位面上则有

$$\phi_1 = \phi_2 - \frac{2\pi}{\lambda} d \cdot \sin\theta_0 \tag{1-10}$$

设两单元的相位差为 ϕ，上式可写成

$$\phi = \phi_2 - \phi_1 = \frac{2\pi}{\lambda} d \cdot \sin\theta_0 \tag{1-11}$$

即两单元的相位差 ϕ，补偿了两单元波程差引起的相位差，使得两单元辐射的电磁波在 θ_0 方向能够同相相加，得到最大值，即波束指向了 θ_0 方向。

同样的分析可以得出单元 2 与单元 3 之间的相位差也为 ϕ

$$\phi = \phi_3 - \phi_2 = \frac{2\pi}{\lambda} d \cdot \sin\theta_0 \tag{1-12}$$

依此类推，任意两单元的相位差都相同。这就是说，通过移相器的调整，使得各单元辐射电磁波的相位按其序号依次导前一个 ϕ，分别为 ϕ_1，$\phi_2 = \phi_1 + \phi$，$\phi_3 = \phi_1 + 2\phi$，…，$\phi_N = \phi_1 + (N-1)\phi$，使电磁波的等相位面向左倾斜，波束方向偏离天线阵法线方向向左一个 θ_0 角度。此时，人为地规定波束扫描角 θ_0 为负，比如波束指向偏离左方 $-30°$。

同理，通过移相器的调整，若各单元辐射电磁波的相位按其序号的增加依次滞后一个 ϕ，分别为 ϕ_1，$\phi_2 = \phi_1 - \phi$，$\phi_3 = \phi_1 - 2\phi$，…，$\phi_N = \phi_1 - (N-1)\phi$，则电磁波的等相位面向右倾斜，波束指向偏离天线阵的法线方向向右一个 θ_0 角。此时，人为地规定波束扫描角 θ_0 为正，比如波束指向右偏离法线方向 $30°$ 时，则记为 $+30°$。

由前面的公式可得出 θ_0 与 ϕ 的定量关系为

$$\theta_0 = \arcsin\left(\frac{\lambda\phi}{2\pi d}\right) \tag{1-13}$$

此式表明，在雷达工作波长与单元之间的间距 d 一定的情况下，波束指向角 θ_0 随 ϕ 而变化。只要控制移相器使各单元间产生相同的相移增量，并且其大小和正负又是可变的，则波束就可以在范围内扫描。简单来说，控制移相器对馈入射频信号产生的相移，即可改变电磁波等相位面的位置，从而改变天线波束的指向，达到扫描的目的。这就是相控阵天线实现电扫描的基本原理。

1.2.3.4　相控阵天线一般结构

机载有源相控阵火控雷达的天线阵面包括天线振子、T/R 组件、馈线网络、控制模块、电源传输、信号传输以及阵面框架等，阵面的组成如图 1-19 所示。除这些独立的功能部件之外，天线阵面还包括所必需的冷却系统和内部互联网络。

由于载机平台空间受限，天线阵面内部天线振子、T/R 组件、综合馈电网络、控制模块、电源传输、信号传输等高度集成，通过层与层之间的紧密互联，最终形成一个复杂的阵面系统。

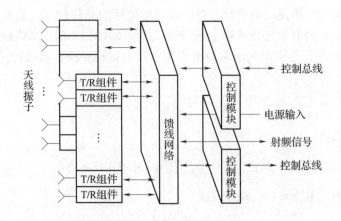

图 1 - 19　相控阵天线结构框图

相控阵天线典型结构有刀片式子阵结构、一体式结构和片式叠层结构等类型，三种类型在外军火控雷达 APG - 77、APG - 81 和 APG - 79 中分别实现。

AN/APG - 77 雷达的天线阵面和刀片式子阵如图 1 - 20 所示。

AN/APG - 81 雷达天线阵面和一体式结构如图 1 - 21 所示。

AN/APG - 79 雷达天线阵面和片式叠层结构如图 1 - 22 所示。

典型的有源相控阵雷达中，每个阵元后都接有一个固态 T/R 组件。每一个 T/R 组件包括独立的发射、接收通道以及公用的移相器和发射、接收馈电网络。

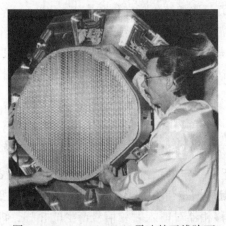

图 1 - 20　AN/APG - 77 雷达的天线阵面

图 1 - 21　AN/APG - 81 雷达的天线阵面

　　T/R 组件有单通道、两通道、四通道和八通道，其大小、形状各异，与频段、性能指标、阵面结构、安装要求、维修方式等密切相关。T/R 组件随系统性能要求各有不同，具体电路的复杂程度也有很大差异，但基本组成都有移相器、射频 T/R 开关、功率放大器、限幅器、低噪声放大器（LNA）、环行器，以及控制电路组成。

图 1 - 22　AN/APG - 79 雷达的天线阵面

典型 T/R 组件的组成原理框图如图 1-23 所示，它主要由以下三部分组成：

①发射通道由预先放大器和功率放大器组成，作用是将经射频网络激励器产生的发射信号放大到一定功率电平，放大后的信号再经天线单元发射出去。

②接收通道由接收机保护器和低噪声放大器（LNA）组成，作用是将由天线单元接收到的微弱信号进行低噪声放大，以提高雷达系统的接收灵敏度。

③收、发公用部分，由移相器和衰减器组成，并由收发开关选通是接入发射通道，还是接入接收通道。公用部分的作用是控制发射和接收信号的幅度和相位，以得到所需要的天线波束。

除了上述三个射频组成部分外，T/R 组件中还包含其工作时所需的控制电路和各种电源，以实现对移相器、衰减器、收发开关等部分的控制。

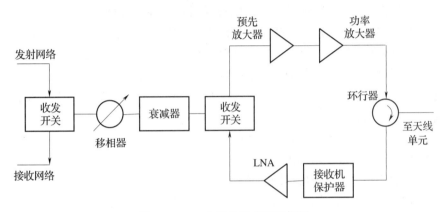

图 1-23　T/R 组件组成原理框图

1.2.3.5　相控阵雷达的技术优势

相对于脉冲多普勒雷达，机载有源相控阵火控雷达优势明显。

（1）雷达作用距离的成倍增长

雷达的作用距离直接取决于雷达功率口径积、系统损耗、检测门限和信号积累时间等因素，有源相控阵雷达在以下几个方面都有较大的提高和改善，可以带来雷达作用距离的大幅提高甚至是成倍增长。

①更大的发射功率：传统脉冲多普勒雷达采用集中式的大功率行波管发射机，其最大发射功率受限于行波管的输出功率。有源相控阵天线拥有大量分布式小功率固态功放，即 T/R 组件的高功率放大器，利用微波空间功率合成的方法实现大功率发射。虽然每个 T/R 组件的输出功率不大，采用 GaAs 作为功率放大器件半导体的 T/R 组件的峰值输出功率仅达到 10W，但机载有源相控阵雷达天线的 T/R 组件数量可以达到 2000 以上，这样通过微波合成的峰值发射功率可以达到 20kW 以上，平均发射功率也可以达到 6kW 以上（占空比为 30%）。

②更低的射频损耗：传统脉冲多普勒雷达的大功率发射机的射频信号，需要经过较长的传输路径才能到达天线的辐射端口；同样在接收信号时，接收信号也需要经过较长的路径传输，需要经过环形器、旋转关节和接收保护器等部件才能最终到达低噪放，这些部件都会造成一定的损耗。有源相控阵雷达采用了分布式的功率放大，每个 T/R 组件的功放输出信号就近连接辐射器，虽然其间也有环形器，但去除了旋转关节，其发射射频传输损耗

明显低于脉冲多普勒雷达。在接收时，T/R 组件里的低噪放也是经过环形器就近连接辐射器，避免了低噪放经过射频路径带来的射频损耗增加对接收机噪声系数的影响，因此有源相控阵雷达接收损耗也是明显低于脉冲多普勒雷达。

③更大的天线口径和增益：机载火控雷达天线一般安装在飞机机头的锥形雷达罩内。为了避免转动干涉，机械扫描天线一般采用扫描器支架安装，天线深入到锥形雷达罩内，限制了天线的最大口径。而有源相控阵天线由于采用固定安装，可以安装在截面最大的雷达罩根部，因而可以获得最大的天线口径。对于同一个飞机头部安装空间来说，有源相控阵天线的口径往往可以比机械扫描天线增大 10% ~15%。

④更加灵活先进的检测、跟踪技术：为了保证低检测虚警率（一般为 10^{-6}），传统脉冲多普勒雷达的恒虚警采用了单一较高的检测门限。有源相控阵雷达利用灵活的波束捷变能力和强大的计算能力，通过降低检测门限提高雷达的探测性能，获得更远的探测距离。降低检测门限将导致检测虚警率提高，有源相控阵雷达再通过告警加确认和检测前跟踪等方式剔除虚警，降低虚警率。这样，通过采用灵活先进的检测、跟踪技术，有源相控阵雷达既实现了探测性能的提高，也没有付出虚警率增加的代价。

通过上述技术措施，有源相控阵雷达的探测距离相对脉冲多普勒雷达探测距离成倍增加，例如，配装第三代战斗机 F-15C/D 飞机的 AN/APG-63 脉冲多普勒雷达，其对 RCS 为 5m² 目标的最远探测距离为 161km，而配装第四代战斗机 F-22A 的 AN/APG-77 有源相控阵雷达对相同 RCS 目标的探测距离则大于 300km。

（2）灵活的波束赋形，满足不同的功能需求

脉冲多普勒雷达的平板缝阵天线采用固定加权，只能得到固定的波束赋形；无源相控阵天线一般也采用固定的幅度加权，只有相位加权是可以调整的，因此也只能获得部分的波束赋形能力。而有源相控阵天线的每一个 T/R 组件在任何时候都可以进行相位和幅度的调整，可以实现雷达波束的灵活赋形，雷达可以根据不同的功能和工作方式的需求，实时地变换出不同的波束赋形。比如，在空空状态，为获取最远的作用距离和最高的测角精度往往采用笔状波束；在空地状态，为获得最大的距离覆盖范围，采用俯仰余割平方波束；格斗空战时，发射宽波束、接收多波束，即发射一个同飞机平视显示器视场相近的宽波束，用多个笔状接收波束填充该范围的空域，形成一种目标很难逃逸的格斗方式。

（3）实现高精度、多目标跟踪和同时多功能

有源相控阵雷达天线可以实现快速的波束捷变，因而可以实现波束在多个跟踪目标方向的快速捷变，维持对多个目标的同时跟踪，其跟踪精度与单目标跟踪的精度相当；而且还可以在维持对多目标跟踪的同时，完成对指定空域的搜索。这就是有源相控阵雷达的跟踪和搜索（track and search，TAS）工作方式。TAS 工作方式适用于飞行员在关注、攻击高威胁目标的同时维持对战场空域态势的感知，可以增强空战的主动性。

利用有源相控阵天线波束的捷变能力还可以实现同时多功能。例如，雷达在进行地图测绘、地面目标搜索跟踪、地物回避、地形跟随、威胁回避的同时，还可实现对空中目标的搜索和跟踪，并制导武器对其进行攻击。

（4）实现与其他航电系统的孔径综合

新一代战斗机对射频传感器综合提出了很高的要求，对雷达来说，最重要的就是扩展电子战和数据链功能。有源相控阵雷达已经可以达到 4GHz 带宽的水平，奠定了与电子对

抗和通信系统进行孔径综合运用的技术基础。

（5）抗干扰和低截获能力极大提升

有源相控阵雷达工作带宽的增加和灵活多样的波束扫描，可以显著地提升雷达的抗干扰能力。有源相控阵雷达采用非连续扫描和离散跟踪的方式，使敌方截获干扰机无法判断雷达的工作方式；有源相控阵雷达还可以与其他传感器协同工作，在其他传感器的引导下，在一个较小的空域进行猝发探测，降低了雷达信号被敌方截获和干扰的可能。有源相控阵雷达可以通过功率控制、空域控制、时间控制、频率控制和发射复杂波形降低被敌方截获的概率，实现低截获概率（low probability of intercept，LPI）。

（6）可靠性大幅提升

由于信号的发射和接收是由成百上千个独立的收/发和辐射单元组成，因此少数单元失效对系统性能影响不大。理论计算和实际试验表明，10%的单元失效时，对系统性能无显著影响，无须立即维修；30%失效时，系统增益降低3dB，仍可维持基本工作性能。由于取消了集中式的大功率发射机和天线机械伺服运动系统，因此，高功率和运动部件所带来的各种直接的和牵连的可靠性问题也就不复存在了。机载雷达的可靠性由此大幅提高。

（7）满足了飞机隐身的需要

机械扫描天线的形状复杂，机头的雷达天线和转动支架都是具有较大雷达截面积（RCS）的电波散射体，尤其是天线阵面的周期性扫动，容易形成对入射雷达波的后向镜面反射，这时的 RCS 可以达到数千平方米量级。

有源相控阵在隐身飞机上一般采用向后倾斜安装的方式，可以将来自前方的雷达入射波向上反射，成为无害的反射波。由于采用固定安装，有源相控阵天线也容易与雷达舱实现一体化的吸波隐身设计，在天线周围和天线安装基座上可以铺设雷达波吸收材料，对阵列边沿存在的后向散射予以屏蔽。

基于以上技术优势，有源相控阵火控雷达成为机载火控雷达发展方向，也是第四代战斗机所必需的装备。

小　　结

本章主要对机载火控雷达的装备情况和技术体制进行了介绍。从雷达的发展引入，对目前国内外机载火控雷达的装备情况进行了梳理。把机载火控雷达按照技术体制分为普通脉冲体制、PD 体制和相控阵体制，主要装备于二代机、三代机和四代机。较为详细地分析了三种体制雷达的技术特点及其适用的场合。

复习思考题

1. 什么是雷达？雷达的基本组成有哪些？
2. 机载火控雷达的主要作用是什么？
3. 雷达能看到隐身飞机吗？试分析之。
4. 雷达工作的物理基础是什么？

5. 简述雷达基本工作原理。

6. 写出雷达方程，讲出各个参数的含义。

7. 解释目标的雷达截面积（RCS）的含义。

8. 相控阵雷达的技术优势有哪些？

9. T/R 组件的基本工作原理是什么？

10. 主瓣杂波的特点是什么？

11. 说明相位扫描的基本原理。

第2章　目标参数测量

机载火控雷达的主要功能就是获取目标的参数，主要是距离信息、角度信息和速度信息。本章将主要阐述机载雷达对目标参数的测量原理；介绍机载雷达的测距原理、测角原理和相对速度的测量方法实现原理；简要介绍雷达对目标的距离跟踪、角度跟踪原理。通过学习，应重点掌握机载雷达的测距、测角、测速的基本工作原理，熟悉雷达对目标参数测量的实现方法。

2.1　距离测量

2.1.1　脉冲法测距

2.1.1.1　基本原理

对脉冲雷达来说，目标回波滞后发射脉冲的时间 t_r 通常是很短促的，将光速 $c = 3 \times 10^5 \text{km/s}$ 的值代入式 t_r 的表达式后得到距离 R 与延迟时间 t_r 之间的关系为 $R = 0.15t_r$。

其中 t_r 的单位为 μs，测得的距离 R 单位为 km，即测距的计时单位是微秒（μs）。测量这样数量级的时间需要采用快速计时的方法。早期雷达均用显示器作为终端，在显示器画面上根据距离扫描量程和回波位置直接测读延迟时间，也即测读出目标的距离数据。

现代雷达常常采用电子测量电路系统自动地测量目标回波的延迟时间 t_r，这种系统常称为测距系统。这种系统通常用来对一个目标的距离进行连续、精确的测定（距离自动跟踪），并将目标距离数据以电信号的形式表示出来，并输出给火力控制系统使用。

这种测距系统测量目标回波滞后发射脉冲时间的方法，是利用发射脉冲控制产生测量时间的距离标尺，然后用此距离标尺去量度目标回波的滞后时间，并将测得的数据以电压的形式输出（距离电压）。这种测定目标距离的过程一般被称为距离自动跟踪。

对先进的采用计算机控制的数字处理现代雷达来说，是采用距离门的方法来测定目标回波的滞后时间的。

所谓"距离门"，是指将雷达的一个发射周期等分为 N 个小单位时间，每个小单位时间（通常等于最小发射脉冲宽度）就称为距离单元，或称为距离门，如图 2 - 1 所示。只要测知哪个距离门内有目标回波脉冲，则目标回波的滞后时间（距离）就可由该距离门的距离单元序号与单位时间相乘得到。

采用数字信号处理时，在信号处理计算机的控制下，对每个发射周期接收机输出的视频回波信号，按照距离单元的先后顺序逐个采样，进行模数变换（A/D）。即将每个距离单元（距离门）的回波信号幅度变换为二进制数字量，然后存入距离矩阵存储器中。

对距离矩阵存储器中按距离单元顺序存储的许多个发射周期内的回波信号数据（$M * N$），雷达信号处理机对其进行信号检测处理，以滤除噪声、将信号检测出来。信号检测出来时，其对应的距离单元顺序即代表了目标的距离位置，同时该目标对应的空间角度，也可由该距离单元所在的发射周期对应的天线角度数据得到。

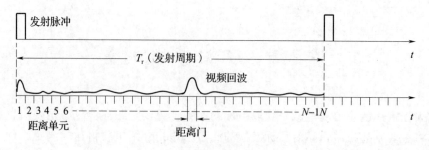

图 2 - 1 距离门与距离单元

经过信号检测处理得到了目标的距离位置数据,此数据一般称为目标视在(观测)距离数据,即在一个发射周期的视在时间窗口(信号检测的时间窗口 T_r)里的位置数据。此位置数据并不一定是目标的真实距离,需要经过数据处理(解模糊)得到目标的真实距离。

对测出的目标距离数据,可送到目标显示系统以在显示器相应位置显示该目标;或者输出加到火力控制系统。

信号处理计算机对接收机输出的视频回波信号进行采样的采样间隔通常是一个距离门宽度,这样对每一个目标回波信号就可以在一个或两个距离单元中被采样到(距离门宽度等于发射脉冲宽度时)。

2.1.1.2 距离分辨力和测距范围

(1)距离分辨力

距离分辨力是指同一方向上两个大小相等点目标之间最小可区分距离。在显示器上测距时,分辨力主要取决于回波的脉冲宽度,同时也和光点直径 d 所代表的距离有关。

用电子方法测距或自动测距时,距离分辨力由脉冲宽度 τ 决定。脉冲越窄,距离分辨力越好。对于复杂的脉冲压缩信号,决定距离分辨力的是雷达信号的有效带宽 B,有效带宽越宽,距离分辨力越好。

(2)测距范围

测距范围包括最小可测距离和最大单值测距范围。所谓最小可测距离,是指雷达能测量的最近目标的距离。脉冲雷达收发共用天线,在发射脉冲宽度 τ 时间内,接收机和天线馈线系统间是"断开"的,不能正常接收目标回波,发射脉冲过去后天线收发开关恢复到接收状态,也需要一段时间 t_0,在这段时间内,由于不能正常接收回波信号,因此这段时间是雷达的盲区。因此,雷达的最小可测距离 $R_{\min}$ 为

$$R_{\min} = \frac{1}{2}c\ (\tau + t_0) \tag{2-1}$$

雷达的最大单值测距范围由其脉冲重复周期 T_r 决定(或者说 T_r 是脉冲雷达进行时域检测窗口的宽度)。为保证单值测距,通常应选取脉冲重复周期 T_r 为

$$T_r \geqslant \frac{2}{c} \cdot R_{\max} \tag{2-2}$$

式中,$R_{\max}$ 为雷达的最大作用距离。当脉冲重复周期不能满足上述关系时,将会产生测距模糊问题。

2.1.1.3　测距模糊及其解决办法

（1）距离模糊

所谓目标距离模糊，是指检测出来的目标距离数据不一定是目标的真实距离数据，对此我们以图 2 - 2 来说明距离数据模糊。

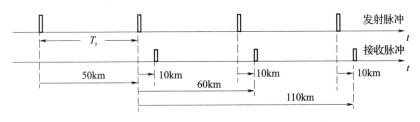

图 2 - 2　距离模糊

假设雷达发射脉冲重复周期 T_r 对应的距离为 50km，而目标回波来自 60km 处的一个目标。由于回波信号的传播时间比重复周期 T 大 $0.2T_r$，因此第一个发射脉冲的回波要等到第二个发射脉冲发射出去 $0.2T_r$ 之后才能收到，其余类推，如图 2 - 2 所示。

对采用延时法测距的雷达来说，在信号检测的时间窗口 T_r 里，显然此目标的距离只有 10km，但是此目标的距离究竟是 10km，还是 60km、110km，不能够直接说明。因此这个目标对雷达来说，其距离是模糊的；或者说在信号检测时间窗口测出的目标视在（观测）距离数据，并不一定是目标的真实距离数据。

单一目标回波距离模糊的程度一般用往返传播时间所跨越的脉冲周期数来衡量，也就是用目标的回波是在其对应的发射脉冲之后的第几个脉冲周期收到来衡量。第一个发射脉冲周期内即能收到的回波称为单次发射周期回波，而在以后的各个周期内才能收到的回波称为多次发射周期回波（MTAE）。

对于某一给定的脉冲重复频率（PRF），能够收到的单次反射回波的最大距离称为不模糊距离。用公式表示为

$$R_u = \frac{c}{2}T_r$$

或　　　　　　　　　　$R_u = 150$ （km） $/PRF$ （kHz）　　　　　　　（2 - 3）

可以看出，PRF 越高，雷达不模糊距离越近，则雷达接收的目标回波的距离模糊程度越重；PRF 越低，则不模糊距离越远，目标回波发生距离模糊的程度越轻。

当存在距离模糊时，目标的真实距离可表示为

$$R = \frac{c}{2} （mT_r + t_r）$$　　　　　　　　　（2 - 4）

式中，m 为正整数，称为距离模糊值，表示距离模糊的程度。

因此在检测出目标的视在距离数据后，还需要进一步进行数据处理，才能得到目标的真实距离数据，这种处理称为解模糊处理。

（2）解距离模糊的处理方法

脉冲雷达解决距离模糊的方法，通常是 PRF 转换法，根据不同 PRF 时测得的视在距离值，采用计算的方法求解目标的真实距离和速度值。下面我们对采用 PRF 转换法时解决距离模糊的原理，以及有关问题进行分析讨论。

通常采用二重或三重 PRF 解决距离模糊问题，下面我们先以二重 PRF 为例说明其解决距离模糊的基本原理。

为了构成一个有效的多重脉冲重复频率来实现目标真实距离的测定，选择脉冲重复频率时，一般按照互为质数的原则（互为质数就是没有公约数），即选择一个 N 和两个相邻的数 $N+1$ 和 $N+2$（N 指一个重复周期内被分割的距离单位个数）。设

$$T_1 = 1/\mathrm{PRF}_1 = N\tau$$
$$T_2 = 1/\mathrm{PRF}_2 = (N+1)\tau$$

$$(2-5)$$

式中，τ 为一个距离单元单位。

设目标的距离为 T_r，在存在距离模糊的情况下，其在 PRF_1 重复周期的视在距离为 A_1，在 PRF_2 重复周期的视在距离为 A_2，那么，目标的距离 T_r 可表示为

$$t_r = nT_1 + A_1 \qquad n = 0, 1, 2, \cdots$$
$$t_r = mT_2 + A_2 \qquad m = 0, 1, 2, \cdots$$

依据测量值 A_1、A_2 和 T_1、T_2，根据上式两方程可以采用各种不同的 n 和 m 计算 T_r 的试探值，由上式两方程所计算出的 T_r 值应具有相等的值。例如，图 2-3 表示二重 PRF 情况下目标的视在距离。图中 $T_{r1} = 11\tau$，$T_{r2} = 12\tau$，则根据上两式计算目标的距离可能值如下

$$t_{r1} = (6, 17, 28, 39, 50, \cdots)\tau$$
$$t_{r2} = (3, 15, 27, 39, 41, \cdots)\tau$$

比较上两式的计算值可知目标的距离 $t_r = 39\tau$。

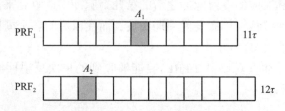

图 2-3　两重 PRF 时目标的视在距离位置图

三重 PRF 情况下的目标距离解算方法与二重 PRF 情况下的方法基本相同，只不过增加了一重 PRF 情况下的计算。如图 2-4 所示为三重 PRF 情况下，每重 PRF 时目标的视在距离位置图。从图中可以看出，目标 A 的视在距离位置不随 PRF 变化，因此其距离是不模糊的；目标 B、C 的视在距离随 PRF 变化，其真实距离可通过解算求出。

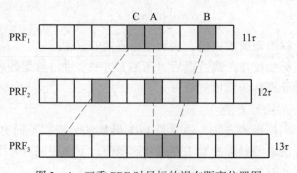

图 2-4　三重 PRF 时目标的视在距离位置图

图 2-5 表示出三重 PRF 情况下，对应连续多个重复周期目标的视在距离位置，从图中可以看出，只有在图中三重 PRF 下对应距离同时重合的目标位置，才是目标的真实距离，由于存在测量误差，在重合时通常确定容许公差为 ±1 个距离单元。

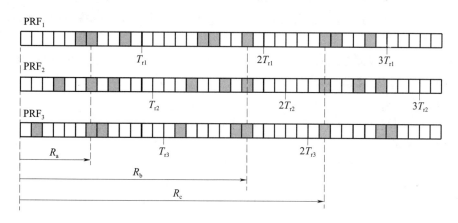

图 2-5 多个重复周期目标的视在距离位置图

在同时存在两个目标的情况下，为了彻底分辨两个目标需采用三重 PRF。因为在二重 PRF 情况下同时存在两个目标时，容易产生虚假目标。例如图 2-4 中的 PRF_1 和 PRF_2 所示的目标 A 和 C，解算出的数据如下

$$t_{rA1} = (7, 18, 29, 40, 51, \cdots) \tau$$

$$t_{rA2} = (7, 19, 31, 43, 55, \cdots) \tau$$

$$t_{rC1} = (6, 17, 28, 39, 50, \cdots) \tau$$

$$t_{rC2} = (4, 16, 28, 40, 52, \cdots) \tau$$

从上面数据可以看出，对应相等的数据对有三个，即 $t_{r1} = 7\tau$、$t_{r2} = 28\tau$、$t_{r3} = 40\tau$，显然其中有一个是虚假目标（或称幻影），因此需要第三重 PRF 来消除幻影。

为了消除幻影也可能要用多个 PRF，为了消除两个以上同时被检测到的目标的观测（视在）距离所有可能组合所引起的幻影，每增加一个就必须外加一个 PRF。

PRF 转换方法也要付出代价，每个附加的 PRF 不仅减少了回波积累时间（因而降低了探测距离），而且还增加了系统的复杂性。因此，实际使用 PRF 的个数是这些代价之间的折中。

对大多数战斗机应用来说，PRF 数都取得足够低，以保证 PRF 的转换切实可行，一般只用三个 PRF，其中有一个 PRF 用于解模糊；另一个用于消除幻影。

在存在距离模糊时，解算目标真实距离的方法除前述方法处，还有其他多种方法，其中利用余数定理也可以解算目标的真实距离。

例如，在三重 PRF 时，对应测得的三个视在距离数为 A_1，A_2，A_3，则目标的真实距离可按下式计算

$$t_r = (C_1 A_1 + C_2 A_2 + C_3 A_3) \tau \cdot \mathrm{mod} (m_1 \cdot m_2 \cdot m_3)$$

式中，$m_1 = N$，$m_2 = N+1$，$m_3 = N+2$，N 为 PRF_1 周期距离门分割的个数。常数 C_1，C_2，C_3 分别为

$$C_1 = b_1 m_2 m_3 \cdots \mathrm{mod}\ (m_1) \equiv 1$$
$$C_2 = b_2 m_1 m_3 \cdots \mathrm{mod}\ (m_2) \equiv 1$$
$$C_3 = b_3 m_1 m_2 \cdots \mathrm{mod}\ (m_3) \equiv 1$$

式中，b_1 是一个最小的正数，它乘以 $m_1 \cdot m_2$ 后，再被 m_1 除，所得余数为 1；b_2，b_3 与 b_1 相似；mod 表示"模"。

当 m_1，m_2，m_3 知道后，C_1，C_2，C_3 即可求得，这样就可解算出目标的真实距离，下面我们举例说明解算方法。

设：$m_1 = 7$，$m_2 = 8$，$m_3 = 9$

则有：$m_2 \cdot m_3 = 72$，$m_1 \cdot m_3 = 63$，$m_1 \cdot m_2 = 56$

$(1 \times 72)\ \mathrm{mod}\ (7) = 2$

$(2 \times 72)\ \mathrm{mod}\ (7) = 4$

$(3 \times 72)\ \mathrm{mod}\ (7) = 6$

$(4 \times 72)\ \mathrm{mod}\ (7) = 1^*$

$(1 \times 63)\ \mathrm{mod}\ (8) = 7$

$(2 \times 63)\ \mathrm{mod}\ (8) = 6$

…

$(7 \times 63)\ \mathrm{mod}\ (8) = 1^*$

$(1 \times 56)\ \mathrm{mod}\ (9) = 2$

$(2 \times 56)\ \mathrm{mod}\ (9) = 4$

…

$(5 \times 56)\ \mathrm{mod}\ (9) = 1^*$

从而可知：$b_1 = 4$ 则 $C_1 = 4 \times 72 = 288$

$\qquad\qquad b_2 = 7$ 则 $C_2 = 7 \times 63 = 441$

$\qquad\qquad b_3 = 5$ 则 $C_3 = 5 \times 56 = 280$

设：目标的距离为 $t_r = 300\tau$（τ 为一个距离门宽度），则三重 PRF 下，目标回波的视在距离 A_1、A_2、A_3 分别为

$A_1 = (t_r)\ \mathrm{mod}\ (m_1) = (300\tau)\ \mathrm{mod}\ (7) = 6\tau;$

$A_2 = (t_r)\ \mathrm{mod}\ (m_2) = (300\tau)\ \mathrm{mod}\ (8) = 4\tau;$

$A_3 = (t_r)\ \mathrm{mod}\ (m_3) = (300\tau)\ \mathrm{mod}\ (9) = 3\tau;$

依据 A_1，A_2，A_3；C_1，C_2，C_3 及 m_1，m_2，m_3 的值代入 t_r 的计算公式可求得

$$t_r = (C_1 A_1 + C_2 A_2 + C_3 A_3)\ \tau\ \mathrm{mod}\ (m_1 \times m_2 \times m_3) =$$
$$(288 \times 6 + 441 \times 4 + 280 \times 3)\ \tau\ \mathrm{mod}\ (504) = 300\tau$$

2.1.2 调频法测距

调频法测距可以用在连续波雷达中，也可以用于脉冲雷达。连续发射的信号具有频率调制的标志后就可以测定目标的距离。在高重复频率的脉冲雷达中，发射脉冲频率有规律的调制就提供了解模糊距离的可能性。下面分别讨论连续波和脉冲波工作条件下调频测距的原理。

2.1.2.1 调频连续波测距

（1）基本组成

调频连续波雷达的基本组成原理框图如图2－6所示。发射机产生连续高频等幅波，其频率在时间上按三角形规律或按正弦规律变化，目标回波和发射机直接耦合过来的信号加到接收机混频器内。在无线电波传播到目标并返回天线的这段时间内，发射机频率较之回波频率已有了变化，因此在混频器输出端便出现了差频电压。差频电压经放大、限幅后加到频率计上。由于差频电压的频率与目标距离有关，因而频率计上的刻度可以直接采用距离长度作为单位。

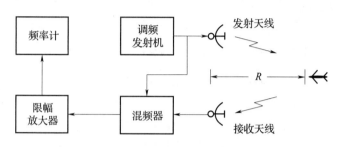

图2－6 调频连续波雷达组成原理框图

可以看出，在调频测距的情况下发射与接收之间的时间延迟转换成频率差。测出频率差就能求出时间延迟，也就求出了距离。

连续工作时，由于不能像脉冲工作那样采用时间分割的办法共用天线，但可用混合接头、环行器等办法使发射机和接收机隔离。为了得到发射机和接收机之间高的隔离度，通常采用分开的发射天线和接收天线。

当调频连续波雷达工作于多目标情况下，接收机输入端有多个目标的回波信号。要区分这些信号并分别决定这些目标的距离是比较复杂的，因此，目前调频连续波雷达多用于测定只有单一目标的情况，例如，在飞机的高度表中，大地就是单一的目标。下面具体讨论的就是这种单一目标应用情况下的调频连续波雷达的特点。

（2）调频（三角形波调制）测距原理

发射频率按周期性三角形波的规律变化，如图2－7所示。图中f_t是发射机的调频发射频率，它的平均频率是f_{t0}，变化的周期为T。通常f_{t0}为数百到数千兆赫，而T为数百分之一秒。f_r为从目标反射回来的回波频率，它和发射频率的变化规律相同，但在时间上滞后t_r，$t_r = 2R/c$。发射频率调制的最大频偏为$\pm\Delta f_m$。F_b为发射和接收信号间的差拍频率，差频的平均值用F_{bav}表示。

如图2－7所示，发射频率f_t和回波频率f_r可写成如下表达式

$$f_t = f_{t0} + \frac{df}{dt} \cdot t = f_{t0} + \frac{\Delta f_m}{T/4} \cdot t \qquad (2-6)$$

$$f_r = f_{t0} + \frac{4\Delta f_m}{T}(t - t_r) \qquad (2-7)$$

差拍频率f_b为

$$f_b = f_t - f_r = \frac{4\Delta f_m \cdot t_r}{T} \qquad (2-8)$$

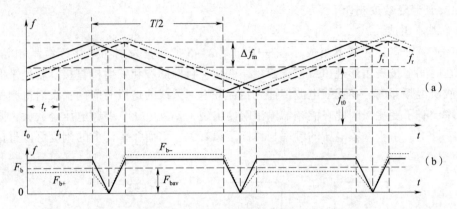

图 2 - 7 调频波（三角形波调制）频率变化规律示意图

对差频 f_b 来说，虽然在调制的下降段，$\mathrm{d}f/\mathrm{d}t$ 为负值，f_r 高于 f_t，但二者的差频仍如式（2 - 8）所示。

差频 f_b 的变化规律曲线如图 2 - 7（b）所示。对于一定距离 R 的目标回波，当调频频率正、负变化时，在 t_r 的时间内差拍频率急剧地下降至零，其他时间差频是不变的。通常频率计测量是一个周期内的平均差频值 F_{bav}，则

$$F_{bav} = \frac{4\Delta f_m \cdot t_r}{T} \cdot \left(\frac{T - t_r}{T} \right) \tag{2-9}$$

实际工作中，为保证单值测距，应满足：$T \gg t_r$。

因此
$$F_{bav} \approx F_b = \frac{4\Delta f_m \cdot t_r}{T} \tag{2-10}$$

由此可得出目标距离 R 为

$$R = \frac{c}{2} \cdot t_r = \frac{c}{8\Delta f_m} \cdot TF_{bav} = \frac{c}{8\Delta f_m} \frac{F_{bav}}{F} \tag{2-11}$$

式中，$F = 1/T$，为调制频率。

当反射回波来自运动目标，其距离为 R 而径向速度为 v 时，其回波频率 f_r 为

$$f_r = f_{t0} + f_D \pm \frac{4\Delta f_m}{T} (t - t_r) \tag{2-12}$$

式中，f_D 为目标回波多普勒频率，正负号分别表示调制前后半周正负斜率的变化。当 $f_D < f_{bav}$ 时，得出的差频为

$$F_{b+} = f_t - f_r = \frac{4\Delta f_m \cdot t_r}{T} - f_D \qquad （前半周正向调频范围）$$

$$F_{b-} = f_t - f_r = \frac{4\Delta f_m \cdot t_r}{T} + f_D \qquad （后半周负向调频范围）$$

可求出目标距离为

$$R = \frac{c}{8\Delta f_m} \cdot \frac{F_{b+} + F_{b-}}{2F} \tag{2-13}$$

如能分别测出 F_{b+} 和 F_{b-}，就可求得目标运动的径向速度。运动目标回波信号的频率及差频曲线如图 2 - 7 中的细点虚线所示。

由于频率计数只能读出整数频率值而不能读出分数频率值，因此这种方法会产生固定误差 ΔR，ΔR 的表示式为

$$\Delta R = \frac{c}{8\Delta f_{\mathrm{m}}} \cdot \frac{\Delta F_{\mathrm{bav}}}{F} \qquad (2-14)$$

频率计读数误差最大为 $1\,\mathrm{Hz}$，因此

$$\Delta R = \frac{c}{8\Delta f_{\mathrm{m}}} \cdot \frac{1}{F} \qquad (2-15)$$

从上式可见，测读误差 ΔR 与频偏量 Δf_{m} 成反比，而与距离 R 及工作频率无关。为减小这项误差，往往使 Δf_{m} 加大到几十兆赫以上，而工作频率则选为数百到数千兆赫。

三角波调制要求严格的线性调频，工程实现时产生这种调频波和进行严格调整都不容易。当只测量单个目标的距离时，为使电路简单，且能达到一定的指标，可以采用正弦波调频。

（3）连续波调频雷达的优、缺点

①优点：能测量很近的距离，一般可测到几米，精度也较高；另外调频雷达电路简单，而且质量①轻、体积小，普遍应用于飞机高度表及微波引信等场合。

②缺点：难于测量多个目标；另外由于收发机之间隔离很难做得完善，因此发射机功率不能很大，否则接收机被泄漏能量过载，不能正常工作。因此作为高度表用的调频雷达的作用距离只有几千米到十几千米。

2.1.2.2 脉冲调频测距

（1）基本原理

脉冲法测距时由于重复频率高会产生测距模糊。为了判别模糊，可以采用对周期发射的脉冲信号加上某些可识别的"标志"，调频脉冲串就是可用的一种方法。

脉冲调频测距电路的基本组成原理框图如图 2-8 所示。调频振荡器在三角波调制信号调制下，产生调频信号输出加到功率放大器进行功率放大并进行脉冲调制，调频脉冲信号经天线向空间辐射。当有目标回波时，目标回波脉冲加到混频器与调频信号混频，从而产生差频回波信号脉冲。

脉冲调频时的发射信号频率 f_{t} 如图 2-8（b）中实线所示，共分为 A，B，C 三段，分别采用正斜率调频、负斜率调频和发射恒定频率。由于调频周期 T 远大于雷达发射脉冲重复周期 T_{r}，故在每一个调频段中均包含多个脉冲，如图 2-8（c）所示。回波信号频率 f_{r} 变化的规律如图 2-8（b）中虚线所示，虚线为回波信号无多普勒频移时的频率变化规律，它相对于发射信号有一个固定延迟 t_{r}，即将发射信号的调频曲线向右平移 t_{r} 即可。当回波信号还有多普勒频移时，其回波信号频率变化规律如图 2-8（b）中的细点虚线所示（图中多普勒频移值为正值），即将虚线向上平移 f_{D} 得到。

连续振荡的发射信号和回波脉冲串在接收机混频器中混频，故在混频器输出端可得到收、发信号的差频信号。设发射信号的调频斜率为 μ，如图 2-8（b）所示，则调频斜率 μ 为

$$\mu = \frac{F}{T} \qquad (2-16)$$

式中，F 为调频信号最大频移；T 为调频工作时间。

---

① 本书重量按规范称为质量（mass），其法定单位为 kg。

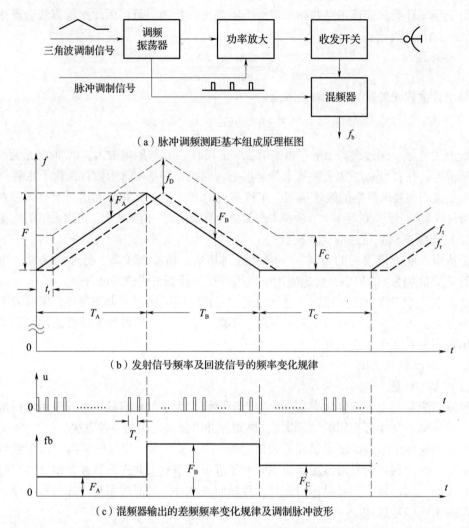

（a）脉冲调频测距基本组成原理框图

（b）发射信号频率及回波信号的频率变化规律

（c）混频器输出的差频频率变化规律及调制脉冲波形

图 2 - 8　脉冲调频测距基本组成及各信号频率变化规律

则 A，B，C 各工作段收、发信号间的差频分别为

$$F_A = f_D - \mu \cdot t_r = \frac{2v_r}{\lambda} - \mu \frac{2R}{c} \qquad (2-17)$$

$$F_B = f_D + \mu \cdot t_r = \frac{2v_r}{\lambda} + \mu \frac{2R}{c} \qquad (2-18)$$

$$F_A = f_D = \frac{2v_r}{\lambda} \qquad (2-19)$$

由上面三式可得

$$F_B - F_A = 2\mu \frac{2R}{c} \qquad (2-20)$$

即

$$R = \frac{F_B - F_A}{4\mu} \cdot c \qquad (2-21)$$

$$v_r = \frac{\lambda \cdot F_C}{2} \qquad (2-22)$$

对一个目标来说，当发射信号的频率变化经过 A，B，C 三段的全过程后，目标回波脉冲的中心频率在三段工作区间将是不同的。经过接收机混频后可分别得到差频 F_A，F_B 和 F_C，其变化规律如图 2-8 （c）所示。

测量出 A，B，C 三段工作区间回波脉冲信号的差频频率 F_A，F_B，F_C，利用上式即可求得目标距离 R 及径向速度 V_r。

（2）多目标时幻影消除方法

前面分析只是讨论单个目标回波的情况，在多目标情况下，目标距离的检测也会产生幻影问题。

例如，天线波束同时照射两个目标，在调制周期的第一段会有两个差频，在第二段也有两个差频（同样第三段也有两个差频）。

设在 A 周期测出两个数据 F_{A1}、F_{A2}，在 B 周期测出两个数据 F_{B1}、F_{B2}。显然对雷达来说，利用这两组数据求解目标距离将会出现 4 个距离数据，即产生幻影。

消除幻影的方法，是要利用在 C 周期测出的两个数据（f_{D1}、f_{D2}）来消除幻影。即将 A、B 周期测出的数据进行配对，找出属于同一目标的数据。

方法是将 B 周期的数据与 A 周期的数据相加，所得数据与 C 周期测得数据进行比较，如果相加数据为 C 周期某个数据的两倍，则两个相加数据即为同一目标的数据。其原因是因为

$$F_A + F_B = 2f_D \tag{2-23}$$

消除幻影后，即可根据配对结果，求出两个目标的距离数据。

当有三个目标回波信号时，也可利用上述配对方法来消除幻影。但可能会遇到某些特定组合数据，不易消除幻影的情况。考虑到不可分解的幻影一般属于个别情况，因此通常三个调频斜率的调制周期就够用了。

（3）测距精度

调频测距的精度取决于两个基本因素：发射机频率变化的速率 μ 及测量差频频率的测量精度。

μ 越大，在给定的工作时间内，产生的频差也越大；频差越大，测频精度越高。

（4）频率测量精度

测频精度与每个调频工作段时间的长短有关，即随工作段的长度增加而提高。但在雷达搜索工作方式，段的长度受天线波束扫过目标的时间（目标驻留时间）所限制。

由于目标驻留时间通常由其他条件确定，所以调频速率 μ 就成为决定测距精度的因素。但在空对空应用中，μ 值受到严格的限制。

因此，在机载雷达搜索工作方式下，脉冲调频测距是相当不精确的，其测距精度在千米的数量级。但是利用脉冲调频测距，可以实现在测速工作方式下对目标距离的测量，从而增加了对目标的检测数据，因此脉冲调频测距在应用上还是可行的方法。

2.1.3 距离跟踪

雷达对目标的距离进行连续、精确的测量过程称为距离跟踪。当这种跟踪过程由电子系统控制自动进行时，则称为自动距离跟踪或自动测距。控制雷达目标回波进行自动测距的电子系统就称为测距系统。

脉冲雷达测距系统根据电路实现技术的不同，可分为模拟式测距系统、数字式测距系

统及计算机数据处理控制的测距系统。虽然电路实现技术不同，但它们对雷达目标回波脉冲进行距离测量的原理与过程是相同的。下面仅介绍模拟式自动测距系统基本原理。

模拟式自动测距系统是指采用模拟电路技术实现对雷达目标回波脉冲进行距离测量的电子系统。

自动距离跟踪系统的基本组成框图如图 2-9 所示，它主要由时间调制器、时间鉴别器和控制器组成。

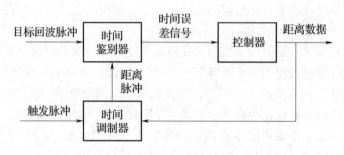

图 2-9　自动距离跟踪系统的基本组成

时间调制器用来产生滞后发射脉冲时间可控的距离脉冲（也称为跟踪脉冲），加到时间鉴别器与接收机输来的视频回波脉冲进行滞后时间的比较；时间鉴别器用来鉴别距离脉冲与目标回波脉冲（被选中感兴趣的目标）之间的重合误差的大小和方向，输出误差信号加到控制器。控制器的作用是将误差信号进行变换（依据控制特性），输出控制电压（距离电压）加到时间调制器，控制距离脉冲相对发射脉冲的滞后时间变化，使距离脉冲与目标回波脉冲的重合误差减小，直到重合误差信号为零。

可以看出，自动距离跟踪系统是一个闭环控制系统，输入量是回波信号的延迟时间 t_r，输出量则是距离脉冲延迟时间 t'_r，而 t'_r 随着 t_r 的改变而自动地跟踪变化，从而实现对目标回波的滞后时间的连续测量。测出的 t_r 目标回波滞后时间数据，由控制器输出的控制电压来表示，称为距离电压。

下面我们来讨论各组成部分的原理及特点。

（1）时间调制器

时间调制器用来产生滞后发射脉冲时间可控的距离脉冲，作为测量目标回波脉冲滞后时间的时间标尺准星。

时间调制器的基本组成原理框图如图 2-10（a）所示。时间调制器在与发射脉冲同步的触发脉冲的触发下，每来一个触发脉冲便产生一个线性锯齿波电压加到电压比较器，与一模拟电压（距离电压）相比较，在锯齿波电压与模拟电压相等的时刻，电压比较器控制距离脉冲产生器产生一个距离脉冲（也称为距离门脉冲），如图 2-10（b）所示。

显然距离脉冲滞后触发脉冲的时间受模拟电压控制，当模拟电压变化时，距离脉冲滞后触发脉冲的时间 t'_r 也跟随变化。当模拟电压由低向高逐渐增大时，距离脉冲滞后触发脉冲的时间也逐渐增大，反之则减小（用同步脉冲示波器观测此过程时，可以看到距离脉冲在时间轴上来回移动的现象）。

由于锯齿波电压为线性等幅锯齿波电压，因此距离脉冲滞后触发脉冲的时间与模拟电压之间有确定的线性对应关系，如图 2-11 所示。

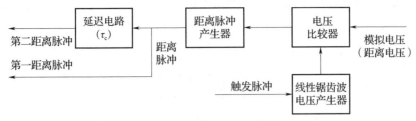

（a）时间调制器基本组成框图

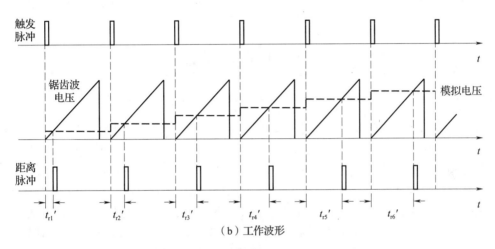

（b）工作波形

图 2 – 10　时间调制器组成原理框图及工作波形

设锯齿波电压幅度为 U_m，宽度为 T_R，则距离脉冲滞后触发脉冲的时间 t_r' 与模拟电压 U 之间的关系是

$$t_r' = \frac{T_R}{U_m} \cdot U = K \cdot U \qquad (2-24)$$

显然，如果用距离脉冲作为时间标尺去测量目标回波脉冲滞后发射脉冲的时间时，距离脉冲所代表的距离刻度（延迟时间）可由模拟电压的大小来表示，所以模拟电压也称为距离电压。当目标回波脉冲与距离脉冲重合时，其对应的距离就可以由对应的距离电压表示出来。

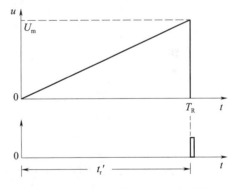

图 2 – 11　距离脉冲滞后触发脉冲的时间与模拟电压的关系

从以上讨论可知，时间调制器用来产生距离脉冲，使距离脉冲滞后触发脉冲的时间与距离电压之间有确定的对应关系，从而可以利用距离脉冲作为时间标尺去测量目标回波脉冲滞后发射脉冲的时间。

（2）时间鉴别器

时间鉴别器用来比较目标回波脉冲与距离脉冲之间的延迟时间差 Δt（$\Delta t = t_r - t_r'$），并将 Δt 转换为与它成比例的误差电压 u_ε（或误差电流）。

为了鉴别目标脉冲相对距离脉冲的偏移，加到时间鉴别器的距离脉冲为成对距离脉冲，如图 2 – 12 所示。成对距离脉冲的两个脉冲之间有固定的时间差。利用成对距离脉冲与回波脉冲的重合程度的不同，可鉴别出回波脉冲与成对距离脉冲中心点之间的延迟时间差 Δt。

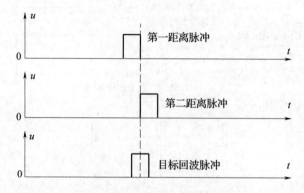

图 2 – 12   成对距离脉冲与回波脉冲的重合关系

当第一距离脉冲同回波脉冲的重合程度与第二距离脉冲同回波脉冲的重合程度相等时，$\Delta t = 0$，时间鉴别器输出误差电压 $u_\varepsilon = 0$。当第一距离脉冲同回波脉冲的重合度与第二距离脉冲同回波脉冲的重合度不相等时，$\Delta t \neq 0$，时间鉴别器输出误差电压 $u_\varepsilon \neq 0$。误差电压的极性反映目标回波脉冲中心相对成对距离门中心位置的滞后或超前，在一定范围内，误差电压的数值正比于时间差 Δt（$\Delta t = t_r - t_r'$）。图 2 – 13（b）画出当距离脉冲宽度等于目标脉冲宽度（$\tau_c = \tau$）时的特性曲线图（图 2 – 13（a）为特性曲线形成关系说明），它可以表示时间鉴别器输出误差电压，在一定范围内可用公式表示。即

$$u_\varepsilon = K_1 \ (t_r - t_r') \ = K_1 \cdot \Delta t \qquad (2 – 25)$$

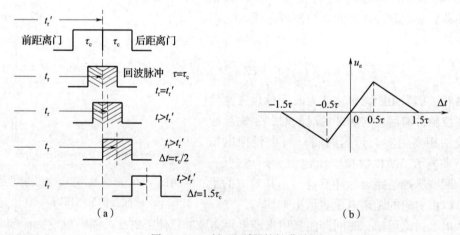

图 2 – 13   时间鉴别器特性曲线

（3）控制器

控制器的作用是把误差信号 u_ε 进行加工变换后，输出控制电压去控制距离脉冲波门移动，即改变时延 t_r'，使其朝减小 u_ε 的方向运动，也就是使 t_r' 趋向于 t_r。下面具体讨论控制器应完成什么形式的加工变换。

设控制器的输出是电压信号 U_r，则其输入和输出之间可用下述一般函数关系表示

$$U_r = f \ (u_\varepsilon) \qquad (2 – 26)$$

最简单的情况是，输入和输出间呈线性关系，即

$$U_r = f(u_\varepsilon) = K_2 \cdot u_\varepsilon = K_1 K_2 (t_r - t_r') \tag{2-27}$$

控制器的输出 U_r 是用来控制距离脉冲的延迟时间 t_r' 的，从前面讨论已知，当用锯齿电压波法产生距离脉冲波门时，比较电压 U_r 和距离脉冲的延迟时间 t_r' 之间具有线性关系，即

$$t_r' = K_3 \cdot U_r$$

则
$$t_r' = K_3 \cdot U_r = K_1 K_2 K_3 (t_r - t_r') \tag{2-28}$$

由式（2-28）知，当 K_1，K_2，K_3 为常数时，不可能做到 $t_r = t_r'$，因为这时代表距离的比较电压 U_r 是由误差电压 u_ε 放大得到的。这就是说，距离脉冲绝不可能无误差地对准目标回波。

式（2-28）表示的性能是自动距离跟踪系统的位置误差，目标的距离越远（t_r' 较大），跟踪系统的误差 Δt（$\Delta t = t_r - t_r'$）越大。这种闭环随动控制系统为一阶有差系统。

如果控制器采用积分元件，则可以消除位置误差。此时，输出 U_r 与输入 u_ε 之间的关系可以用积分表示

$$U_r = \frac{1}{T} \int u_\varepsilon dt$$

则
$$t_r' = K_3 \cdot U_r = \frac{K_1 K_3}{T} \int (t_r - t_r') \, dt \tag{2-29}$$

式（2-29）表示由时间鉴别器、控制器和时间调制器三个部分组成的闭环系统性能。

如果将目标距离 R 和距离脉冲所对应的距离 R' 代入上式，则得

$$R' = \frac{K_1 K_3}{T} \int (R - R') \, dt \tag{2-30}$$

则
$$\frac{dR'}{dt} = \frac{K_1 K_3}{T} (R - R') = \frac{K_1 K_3}{T} \cdot \Delta R \tag{2-31}$$

从上式可以看出，对于固定目标或移动极慢的目标，$dR'/dt = 0$，这时距离脉冲可以对准回波脉冲，保持跟踪状态而没有位置误差。这是因为积分器具有积累作用，当时间鉴别器输出端产生误差信号后，积分器就能将这一信号保存并积累起来，并使距离脉冲的位置与目标回波位置相一致。这时，时间鉴别器输出误差信号虽然等于零，但由于控制器的积分作用，仍保持其输出 U_r 为一定的数值。

此外，由于目标反射面起伏或其他偶然因素而发生回波信号短时间消失时，虽然这时时间鉴别器输出的误差电压 $u_\varepsilon = 0$，但系统却仍然保持 $t_r' = t_r$，也就是距离脉冲保持在目标回波消失时所处的位置上，这种作用称为"位置记忆"。

当目标以恒速 v 运动时，距离脉冲也以同样速度移动，此时 $dR'/dt = v$，代入距离跟踪误差表达式得

$$\Delta R = \frac{T}{K_1 K_3} \cdot v \tag{2-32}$$

这时距离脉冲与回波脉冲之间在位置上保持一个差值 ΔR，ΔR 值的大小与速度 v 成正比，故称为速度误差。

用一次积分环节做控制器时的闭环随动控制系统为一阶无差控制系统，可以消除位置误差，且具有"位置记忆"特性，但仍有速度误差。

可以证明，一个二次积分环节的控制器能够消除位置误差和速度误差，并兼有位置记忆和速度记忆能力，这时只有加速度以上的高阶误差。在需要对高速度、高机动性能的目标进行精密跟踪时，常采用具有二次积分环节的控制器来改善整个系统的跟踪性能。二次积分环节的控制方式，在数字式自动跟踪系统中容易实现，而在模拟式距离跟踪系统中，由于模拟电路实现技术难度大，故常采用一次积分环节控制器。

前面关于自动距离跟踪的讨论，是在目标已被"捕获"后的条件下进行的距离跟踪过程。所谓目标已被"捕获"，是指进入自动距离跟踪状态前，距离脉冲与目标回波脉冲二者在时间上基本重合的状态；这种状态也称为"截获"，即指距离脉冲在时间位置上套住了目标回波脉冲。

在系统"捕获"目标以前或因某种原因目标脱离了距离脉冲波门，这时由于时间鉴别器没有误差信号输出，则距离脉冲失去跟踪作用。因此一个完备的测距系统还应具有搜索和捕获目标的能力，其基本组成及相互关系如图2-14所示。

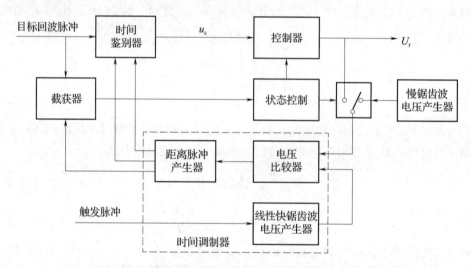

图2-14 模拟式自动测距系统的基本组成及相互关系

雷达依据目标回波脉冲实现自动测距一般应包括三个过程：即对目标回波脉冲时间位置的搜索、截获（捕获）和自动跟踪，这三个过程是互相紧密联系的。

所谓距离搜索是指使距离脉冲滞后触发脉冲的时间在最大测定距离范围内来回变化，以搜索目标回波脉冲的距离位置。当距离脉冲搜索到目标回波脉冲的距离位置时，即距离脉冲滞后触发脉冲的时间与目标回波脉冲滞后发射脉冲的时间相等时，称为截获（捕获）。

在距离搜索状态，由慢锯齿波电压与线性快锯齿波电压进行幅度比较，控制距离脉冲产生器输出滞后时间在最大测定距离范围内来回变化的距离脉冲，加到截获器。

截获是一种控制转换状态，以使自动测距系统在搜索和跟踪状态之间转换。

在测距系统电路中，目标回波脉冲和距离脉冲都加到截获器，距离搜索状态下，距离脉冲滞后触发脉冲的时间在一定范围内来回变化，以搜索目标回波脉冲滞后发射脉冲的时间位置。当距离脉冲与目标回波脉冲在时间上重合时，即为距离脉冲捕获到目标回波脉冲，截获器电路工作，控制测距系统进入对目标回波脉冲进行连续距离测定状态，即距离自动跟踪状态。

测距系统转入距离自动跟踪状态后，由控制器输出的控制电压 U_r 与快锯齿波电压进行比较，控制距离脉冲跟踪目标回波脉冲。在距离自动跟踪状态下，测距系统输出表示目标距离的距离电压，加到火力控制系统。

2.2 角度测量

2.2.1 相位法测角

2.2.1.1 基本原理

相位法测角是利用多个天线所接收回波信号之间的相位差来进行测角的，其基本原理如图 2 - 15 所示，设在偏离天线法线 θ 角方向有一远区目标，则到达接收点的目标所反射的电波近似为平面波。由于两天线之间的间距为 d，故它们所收到的信号由于存在波程差 ΔR 而产生一相位差 ϕ。由图 2 - 15 所示关系可知

$$\phi = \frac{2\pi}{\lambda}\Delta R = \frac{2\pi}{\lambda} \cdot d \cdot \sin\theta \qquad (2-33)$$

式中，λ 为雷达波长。

显然，如用相位计进行比相，测出其相位差 ϕ，就可以求出目标方向角 θ。

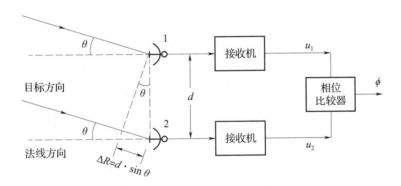

图 2 - 15　相位法测角基本原理

由于在较低频率上容易实现比相，故通常将两天线收到的高频信号经与同一本振信号差频后，在中频进行比相。因为两路信号由高频变换为中频后，相位差仍保持不变。

设两高频信号为
$$u_1 = U_1\cos\ (\omega t - \phi)$$
$$u_2 = U_2\cos\ (\omega t)$$

本振信号为
$$u_L = U_L\cos\ (\omega_L t + \phi_L)$$

式中，ϕ 为两天线接收的回波信号之间的相位差；ϕ_L 为本振信号的初相角。

u_1 和 u_L 差频得
$$u_{I1} = U_{I1}c\cos\ [\ (\omega - \omega_L)\ t - \phi - \phi_L]$$

u_2 与 u_L 差频得
$$u_{I2} = U_{I2}c\cos\ [\ (\omega - \omega_L)\ t - \phi_L]$$

可见，两中频信号 u_{I1} 与 u_{I2} 之间的相位差仍为 ϕ。

2.2.1.2 相位比较特性

相位比较器可以采用相位检波电路（或相位鉴别器）来进行相位比较。下面我们以图 2 - 16 所示的二极管相位检波器电路，来讨论两信号的相位比较特性。

二极管相位检波器电路由两个单端检波器组成。其中每个单端检波器与普通检波器的

差别仅在于检波器的输入端是两个信号，根据两个信号间相位差的不同，其合成电压振幅将改变，这样就把输入信号间相位差的变化转变为不同的检波输出电压。

为讨论方便，设变压器的变压比为 $1:1$，电压正方向如图 2-16（a）所示，为使相位比较器输出端能得到与相位差角成比例的响应，在相位差为 ϕ 的两高频信号加到相位检波器之前，其中之一预先移相 $90°$。因此相位检波器两输入信号为

$$u_1 = U_1\cos\ (\omega t - \phi)$$

$$u_2 = U_2\cos\ (\omega t - \pi/2)$$

现在 u_1 在相位上超前 u_2 的数值为（$90° - \phi$）。由图 2-16（a）电路的连接关系可知

$$u_{D1} = u_2 + \frac{1}{2}u_1$$

$$u_{D2} = u_2 - \frac{1}{2}u_1$$

当选取 $U_2 >> U_1$ 时，由同频率正弦信号的矢量图 2-16（b）可知

$$|u_{D1}| = U_{D1} \approx U_2 + \frac{1}{2}U_1\sin\phi$$

$$|u_{D2}| = U_{D2} \approx U_2 - \frac{1}{2}U_1\sin\phi$$

故相位检波器输出电压为

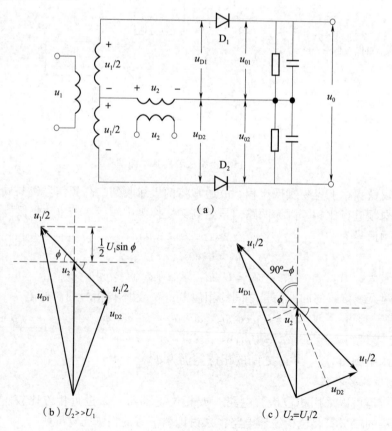

（a）

（b）$U_2 >> U_1$　　　　　（c）$U_2 = U_1/2$

图 2-16　二极管相位检波器电路及矢量图

$$U_0 = U_{01} - U_{02} = K_d U_{D1} - K_d U_{D2} = K_d U_1 \sin\phi \tag{2-34}$$

式中：K_d 为检波系数。

由上式可画出相位检波器的输出特性曲线，如图 2-17（a）所示。可以看出，只要测出 U_0，便可求出 ϕ。而且，这种电路的单值测量范围是（$-90° \sim 90°$）。$\Phi < 30°$，$U_0 \approx K_d U_1 \phi$，输出电压 U_0 与 ϕ 近似为线性关系。

当选取 $U_1/2 = U_2$ 时，由矢量图 2-16（c）可求得

$$U_{D1} = 2 \times \frac{1}{2} U_1 \left| \sin\left(\frac{\pi}{4} + \frac{1}{2}\phi\right) \right|$$

$$U_{D2} = 2 \times \frac{1}{2} U_1 \left| \sin\left(\frac{\pi}{4} - \frac{1}{2}\phi\right) \right|$$

则相位检波器输出为

$$U_0 = K_d U_1 \left| \sin\left(\frac{\pi}{4} + \frac{1}{2}\phi\right) \right| - K_d U_1 \left| \sin\left(\frac{\pi}{4} - \frac{1}{2}\phi\right) \right| \tag{2-35}$$

上式表示的输出特性如图 2-17（b）所示，ϕ 与 U_0 有良好的线性关系，但单值测量范围仍为（$-90° \sim 90°$）。

为了将单值测量范围扩大到 2π，电路上还需采取附加措施。

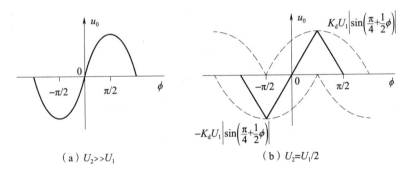

（a）$U_2 \gg U_1$ 　　　　（b）$U_2 = U_1/2$

图 2-17 相位检波器输出特性

2.2.1.3 测角误差与多值性

相位差 ϕ 值测量不准，将产生测角误差，它们之间的关系如下

$$d\phi = \frac{2\pi}{\lambda} \cdot d \cdot \cos\theta \cdot d\theta$$

$$d\theta = \frac{\lambda}{2\pi \cdot d \cdot \cos\theta} d\phi \tag{2-36}$$

可以看出，减小 λ/d 值（增大 d/λ 值），可提高测角精度。也注意到：当 $\theta = 0°$ 时，即目标处在天线法线方向时，测角误差 $d\theta$ 最小。当 θ 增大，$d\theta$ 也增大，为保证一定的测角精度，θ 的范围有一定的限制。

增大 d/λ 虽然可提高测角精度，但由基本关系的表示式可知，在感兴趣的 θ 范围（测角范围）内，当 d/λ 加大到一定程度时，ϕ 值可能超过 2π，此时 $\phi = 2\pi N + \phi$，其中 N 为整数，$\phi < 2\pi$。

由于 N 值未知，因而真实的 ϕ 值不能确定，就出现多值性（模糊）问题。解决多值性问题，比较有效的办法是利用三天线测角，如图 2-18 所示。

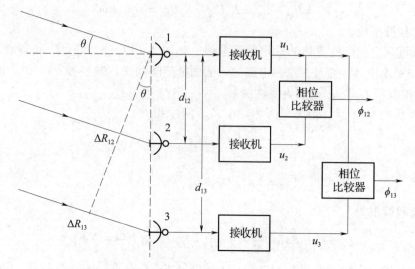

图 2-18　三天线相位法测角原理示意图

间距大的 1、3 天线用来得到高精度测量，而间距小的 1、2 天线用来解决多值性问题。

设目标在 θ 方向，天线 1、2 之间的距离为 d_{12}，天线 1、3 之间的距离为 d_{13}，适当选择 d_{12}，使天线 1、2 收到的信号之间的相位差在测角范围内均满足

$$\phi_{12} = \frac{2\pi}{\lambda} d_{12} \cdot \sin\theta < 2\pi$$

根据要求，选择较大的 d_{13}，则天线 1、3 收到的信号的相位差为

$$\phi_{13} = \frac{2\pi}{\lambda} d_{13} \cdot \sin\theta = 2\pi N + \phi$$

为了确定 N 值，可利用如下关系

$$\frac{\phi_{13}}{\phi_{12}} = \frac{d_{13}}{d_{12}}$$

$$\phi_{13} = \frac{d_{13}}{d_{12}} \phi_{12}$$

根据相位计 1 的读数 ϕ_{12} 可算出 ϕ_{13}，但 ϕ_{12} 包含有相位计的读数误差，只要 ϕ_{12} 的读数误差值不大，就可用它确定 N，即把（d_{13}/d_{12}）ϕ_{12} 除以 2π，所得商的整数部分就是 N 值。然后由 ϕ_{13} 的表示式算出 ϕ_{13} 并确定 θ。由于 d_{13}/λ 值较大，保证了所要求的测角精度。

2.2.2　振幅法测角

振幅法测角是利用天线接收的回波信号幅度值来进行角度测量。

雷达天线接收的回波信号幅度值的变化规律取决于天线方向图以及天线扫描方式。振幅法测角可分为最大信号法和等信号法两大类，下面讨论这两类测角方法的基本原理。

2.2.2.1　最大信号法

当天线波束作圆周扫描或在一定扇形范围内作匀角速扫描时，对收发共用天线的脉冲雷达而言，接收机输出的脉冲串幅度值被天线双程方向图函数所调制。找出脉冲串的最大值（中心值），确定该时刻波束轴线的指向，即为目标所在方向，如图 2-19（b）所示。

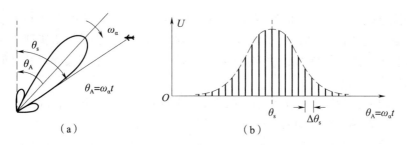

图 2 – 19　最大信号法测角

设天线转动角速度为 ω_α（r/min），脉冲雷达重复频率为 f_r，则两脉冲间的天线转角为

$$\Delta\theta_s = \frac{\omega_\alpha \times 2\pi}{60} \cdot \frac{1}{f_r} \tag{2-37}$$

这样，天线波束轴线（最大值）扫过目标方向 θ_r 时，不一定有回波脉冲，或者说，$\Delta\theta_s$ 表示测角的"量化"误差。

最大信号法测角的优点一是简单，二是用天线方向图的最大值方向测角，此时回波最强，故信噪比最大，对检测发现目标是有利的。其主要缺点是直接测量时测量精度不很高，为波束半功率宽度（$\theta_{0.5}$）的 20% 左右。因为方向图最大值附近特性比较平坦，最强点不易判别。最大信号法测角通常用于雷达搜索状态下的角度测量。

2.2.2.2　等信号法

等信号法测角采用两个相同且彼此部分重叠的波束，利用它们的回波信号幅度值来进行角度测量。其原理如图 2 – 20 所示。

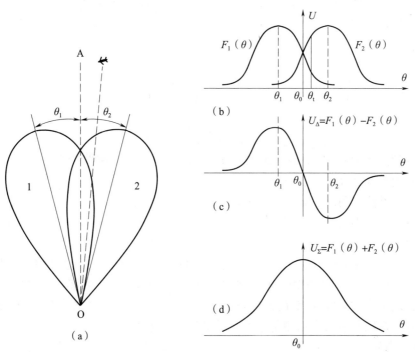

图 2 – 20　等信号法测角

两个相同且彼此部分重叠的波束方向图如图 2 - 20（a）、（b）所示。可看出，如果目标处在两波束的交叠轴 OA 方向，则由两波束收到的信号强度相等，否则两个波束收到的信号强度不相等，故常常称 OA 为等信号轴。当两个波束收到的回波信号相等时，等信号轴所指方向即为目标方向。

当目标偏离等信号轴 OA 方向，两个波束收到的信号强度不相等，通过比较两个波束回波的幅值，可以判断目标偏离等信号轴的方向及角度大小（在一定角度范围内）。

设天线电压方向性函数为 $F(\theta)$，等信号轴 OA 的指向为 θ_0，则波束 1、2 的方向性函数可分别写成

$$F_1(\theta) = F(\theta_1) = F(\theta + \theta_k - \theta_0)$$
$$F_2(\theta) = F(\theta_2) = F(\theta - \theta_0 - \theta_k)$$

式中，θ_k 为 θ_0 与波束最大值方向的偏角。

用等信号法测量时，波束 1 接收到的回波信号

$$u_1 = KF_1(\theta) = KF(\theta_k - \theta_t)$$

波束 2 接收到的回波电压值

$$u_2 = KF_2(\theta) = KF(-\theta_k - \theta_t) = KF(\theta_k + \theta_t)$$

式中，θ_t 为目标方向偏离等信号轴 θ_0 的角度。

对 u_1 和 u_2 信号进行处理，可以获得目标方向 θ_t 的信息。通常采用幅值和差比较法进行处理，即

由 u_1 及 u_2 可求得其差值 $\Delta(\theta_t)$ 及和值 $\sum(\theta_t)$，即

$$\Delta(\theta) = u_1(\theta) - u_2(\theta) = K\left[F(\theta_k - \theta_t) - F(\theta_k + \theta_t)\right]$$
$$\sum(\theta) = u_1(\theta) + u_2(\theta) = K\left[F(\theta_k - \theta_t) + F(\theta_k + \theta_t)\right]$$

差值 $\Delta(\theta_t)$ 及和值 $\sum(\theta_t)$ 的特性曲线如图 2 - 20（c）、（d）所示。

在等信号轴 $\theta = \theta_0$ 附近，差值 $\Delta(\theta)$ 及和值 $\sum(\theta_t)$ 可近似表达为

$$\Delta(\theta) \approx 2\theta_t \left.\frac{\mathrm{d}F(\theta)}{\mathrm{d}\theta}\right|_{\theta = \theta_0} K$$
$$\sum(\theta) \approx 2F(\theta_0) K$$

依据 $\Delta(\theta)$ 及和值 $\sum(\theta_t)$ 即可求得其和、差信号的归一化和差值

$$\frac{\Delta(\theta)}{\sum(\theta)} = \frac{\theta_t}{F(\theta_0)} \left.\frac{\mathrm{d}F(\theta)}{\mathrm{d}\theta}\right|_{\theta = \theta_0}$$

由于在等信号轴 $\theta = \theta_0$ 附近，$\Delta(\theta) / \sum(\theta_t)$ 正比于目标方向偏离 θ_0 的角度 θ_t，故可用它来判读角度 θ_t 的大小及方向。

采用等信号法测角时，如果两个天线辐射波束可以同时存在，并且能从接收机得到两波束的回波信号，则称同时波瓣法；如果采用一个天线辐射波束在时间上顺序在 1、2 位置交替出现，只要用一套接收系统工作，则称顺序转换波瓣法。

等信号法测角的主要优点一是测角精度比最大信号法高，因为等信号轴附近方向图斜率较大，目标略微偏离等信号轴时，两信号强度变化较显著；二是能够判别目标偏离等信号轴的方向，便于实现角度跟踪（连续自动测角）。等信号法的主要缺点是测角系统较复杂。

等信号法常用来进行自动测角，即应用于跟踪雷达中。

2.2.3 角度跟踪

雷达对目标的空间角度位置进行连续、精确的测量过程称为角度跟踪。当这种跟踪过

程由电子系统控制自动进行时，则称为角度跟踪或自动测角。

角度跟踪时，通过角度跟踪系统控制天线转动，使天线自动跟踪目标，即使天线轴线对准目标。同时将目标的坐标数据经数据传递系统送到计算机数据处理系统。

和自动测距需要有一个时间鉴别器一样，角度跟踪也必须要有一个角误差鉴别器。当目标方向偏离天线轴线（即出现了误差角）时，就能产生误差电压，误差电压的大小正比于误差角，其极性随偏离方向不同而改变。此误差电压经角度跟踪系统变换、放大、处理后，控制天线向减小误差角的方向运动，使天线轴线对准目标。

角度跟踪采用等信号法测角，系统在技术实现方法上采用顺序波瓣法，也可以采用同时波瓣法。前一种方式以圆锥扫描跟踪雷达为典型；后一种是单脉冲跟踪雷达。下面分别介绍这两种跟踪雷达实现角度跟踪的原理和方法。

2.2.3.1　圆锥扫描角度跟踪系统

圆锥扫描角度跟踪系统是利用天线波束作圆锥扫描时，使回波产生角度误差信号，来控制天线实现角度跟踪。

（1）圆锥扫描回波信号幅度特点

圆锥扫描跟踪雷达的天线波束作圆锥扫描时的示意图如图 2 – 21（a）所示。它的最大辐射方向 $O'B$ 偏离等信号轴（天线旋转轴）$O'O$ 一个角度 δ，当波束以一定的角速度 ω_S 绕等信号轴 $O'O$ 旋转时，波束最大辐射方向 $O'B$ 就在空间画出一个圆锥，故称圆锥扫描。

波束在作圆锥扫描的过程中，绕着天线旋转轴（等信号轴）$O'O$ 旋转，由于天线旋转轴方向是等信号轴方向，故扫描过程中这个方向天线的增益始终不变。当目标在等信号轴方向上时，雷达接收机输出的回波信号为一串等幅脉冲，如图 2 – 21（b）所示。

如果目标偏离等信号轴方向，则在扫描过程中天线波束最大值旋转在不同位置时，目标有时靠近、有时远离天线最大辐射方向，这使得接收的回波信号幅度也产生相应的强弱变化。因而雷达接收机输出幅度为正弦波调制的脉冲串，其调制频率为天线的圆锥扫描频率，调制深度取决于目标偏离等信号轴方向的角度大小，而调制的起始相位则由目标偏离等信号轴的方向决定。

因此回波信号的幅度及相位，反映着目标偏离天线旋转轴的角度大小及方向。或者说，圆锥扫描时回波信号幅度的包络就是反映目标偏角的角度误差信号。

为了便于说明角度误差信号的相位特点，我们只画出锥扫圆周的 8 个特殊点回波信号，如图 2 – 21 所示。

误差信号的起始相位角，决定于目标偏离天线旋转轴的方向同圆锥扫描基准方向之间的夹角。圆锥扫描基准方向是指波束轴旋转到最高点时的方向。当目标偏上时，目标的偏差方向同圆锥扫描基准方向一致，误差信号的起始相位角为零（余弦函数表示），见图 2 – 21（c）。当目标偏右时，偏差方向同基准方向之间的夹角为 90°，误差信号的起始相位角也等于 90°，见图 2 – 21（d）。若目标偏差方向同基准方向之间的夹角为某一角度 ϕ，则这一角度就是误差信号的起始相位角。

误差信号的振幅，同目标偏离天线旋转轴的角度大小、目标距离的远近和目标反射面的大小等因素有关。在波束扫描的圆锥体内，目标偏离天线旋转轴的角度越大，误差信号的振幅就越大（目标偏差角较大时，回波幅度的最大值较大，最小值较小，因而误差信号的振幅较大）。在目标偏差角一定的情况下，目标距离越近或者反射面越大，误差信号的振幅也越大。

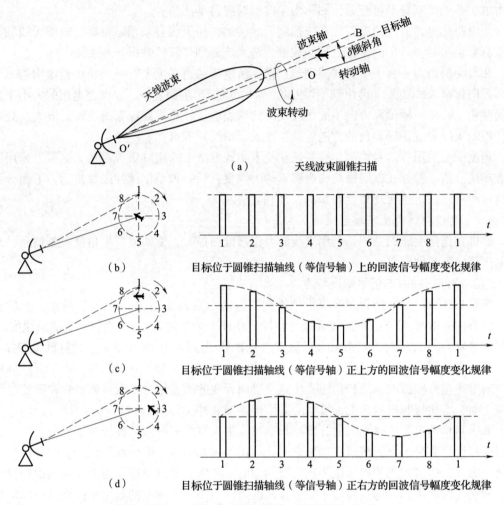

图 2 - 21 天线波束圆锥扫描时，回波信号幅度特点

误差信号的频率就是圆锥扫描的频率。因为波束每绕天线旋转轴旋转一圈，误差信号就变化一周，两者是一致的。

（2）圆锥扫描跟踪雷达组成及角度跟踪原理

圆锥扫描跟踪雷达的基本组成原理框图如图 2 - 22 所示。

圆锥扫描跟踪雷达接收的回波信号经过接收机放大变换后，经检波、视频放大、包络检波，取出回波脉冲串的包络；再经锥扫频率放大滤波器输出，得到目标角度误差信号电压 u_ε 输出，然后送至方位角相位鉴别器和俯仰角相位鉴别器。

与此同时，与圆锥扫描电机同步旋转的锥扫基准信号产生器产生的正、余弦基准信号电压也分别加到两个相位鉴别器上，作为锥扫基准信号与目标角度误差信号进行相位鉴别，分别输出方位角及俯仰角直流角度误差信号。

锥扫基准信号产生器产生的锥扫基准信号，与锥扫基准方向有确定的相位关系，当天线波束轴由基准方向开始绕天线旋转（方向）轴旋转时，其输出正弦的方位基准电压及余弦的俯仰基准电压的表达式分别为

$$u_{\alpha 0} = U_0 \sin 2\pi F_0 t \qquad (2-38)$$

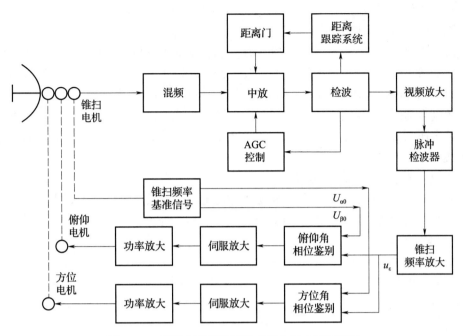

图 2 - 22 圆锥扫描跟踪雷达的基本组成原理框图

$$u_{\beta 0} = U_0\cos 2\pi F_0 t \qquad (2-39)$$

式中，F_0 为天线锥扫频率。

对目标角度误差信号 u_ε 来说，当目标偏离基准方向与基准方向之间的夹角为 ϕ 时，则误差信号可按图 2 - 23 （a）的矢量关系分解为同俯仰基准电压同相（或反相）的俯仰角误差信号 $u_{\beta\varepsilon}$，以及同方位基准电压同相（或反相）的方位角误差信号 $u_{\alpha\varepsilon}$，它们的波形如图 2 - 23 （b）所示。

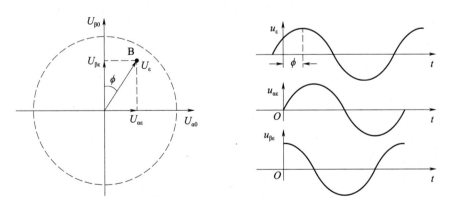

图 2 - 23 目标角度误差信号的分解

它们的振幅与目标角度误差信号 u_ε 的振幅和相角有关，根据图 2 - 23 （a）中的矢量关系可得知

$$U_{\alpha\varepsilon} = U_\varepsilon\sin\phi$$
$$U_{\beta\varepsilon} = U_\varepsilon\cos\phi$$

正是由于俯仰（或方位）角误差信号与俯仰（或方位）基准电压同相（或反相）的相位关系，因此可以利用基准电压对角度误差信号进行鉴别。

直流角度误差信号经伺服放大、功率放大后分别加于方位及俯仰驱动电机上，使电机带动天线向减小角误差的方向转动，最后使天线旋转轴对准目标。这样，天线旋转轴的方向就是目标的空间位置角度方向，其角度位置可通过角度传感器输出。

在角度自动跟踪过程中，自动增益控制电路用以消除目标距离及目标截面积大小等对输出误差电压幅度的影响，使接收机输出的角度误差信号电压只取决于误差角而与距离等因素无关。

为避免多个目标同时进入角跟踪系统，造成角跟踪系统工作不正常，因此雷达进入角度跟踪之前必须先对单目标进行距离跟踪。并由距离跟踪系统输出一个距离跟踪波门，控制角度跟踪支路中放只让被选择的目标通过。

2.2.3.2 单脉冲角度跟踪系统

单脉冲自动测角属于同时波瓣测角法。

采用同时波瓣测角法进行测角时，在一个角平面内有两个相同的天线，它们的辐射波束部分重叠，其交叠方向即为等信号轴。将这两个天线同时接收到的回波信号进行比较，就可取得目标在这个平面上的角度误差信号。然后将此角度误差信号放大变换后加到驱动电机，控制天线向着减小误差的方向转动，直到天线的等信号轴对准目标方向。这种控制过程，即为角度跟踪。目标的空间角度位置通过与天线随动的角度传感器输出。

由于两个天线同时接收目标回波，故单脉冲测角获得目标的角度误差信息的时间可以很短，理论上讲，只要分析一个回波脉冲就可以确定角度误差，所以称为单脉冲测角。这种方法可以获得比圆锥扫描高得多的测角精度，故精密跟踪雷达常用单脉冲法测角。

由于取出目标角度误差信号的具体方法不同，单脉冲雷达的种类很多，这里着重介绍常用的振幅和差式单脉冲雷达测角的基本原理，并简单介绍相位和差式单脉冲雷达。

（1）振幅和差式单脉冲雷达

下面我们以单平面振幅和差式单脉冲雷达为例来说明单脉冲雷达的角度跟踪原理。单平面振幅和差式单脉冲雷达的简化原理框图如图 2-24 所示。

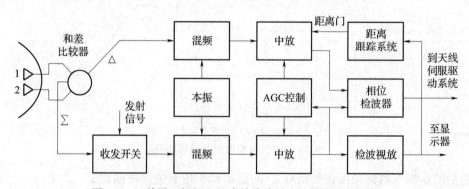

图 2-24　单平面振幅和差式单脉冲雷达的简化原理框图

雷达天线在一个角平面内有两个相同的天线，它们的辐射波束部分重叠，其交叠方向即为等信号轴。将这两个天线同时接收到的回波信号在和差比较器中进行比较，可以分别得到和信号与差信号。

　　和差比较器（和差网路）是单脉冲雷达的重要部件，由它完成回波信号的和、差处理，形成和、差回波信号。

　　和差比较器用得较多的是双 T 接头，如图 2－25 所示。它有 4 个端口：∑（和）端口、△（差）端和 1、2 端。假定 4 个端口都是匹配的，则从∑端口输入信号时，1、2 端便输出等幅同相信号，△端无输出；若从 1、2 端输入同相信号，则△端输出两者的差信号，∑端输出和信号。

　　利用双 T 接头构成的和差比较器的示意图如图 2－25（b）所示，它的 1、2 端口与形成两个波束的两相邻馈源 1、2 相接。

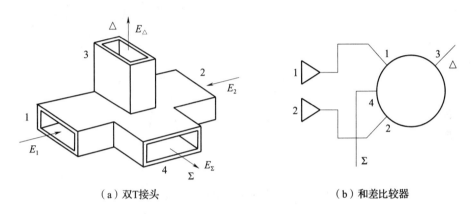

(a) 双T接头　　　　　　　　　　　　(b) 和差比较器

图 2－25　双 T 接头构成和差比较器

　　发射时，从发射机来的信号加到和差比较器的∑端，故 1、2 端输出等幅同相信号，两个馈源被同相激励，并辐射相同的功率，结果两波束在空间各点产生的场强同相相加，形成发射和波束，如图 2－26（b）所示。

　　接收时，回波信号同时被两个波束的馈源所接收。两波束接收到的信号振幅有差异（视目标偏离天线轴线的程度），但相位相同（为了实现精密跟踪，波束通常做得很窄，对处在和波束照射范围内的目标，两馈源接收到的回波的波程差可忽略不计）。这两个相位相同的信号分别加到和差比较器的 1、2 端，这时，在∑（和）端，完成两信号同相相加，输出和信号，其振幅为两回波信号振幅之和，相位与到达和端的两信号相位相同，且与目标偏离天线轴线的方向无关。因此，接收时和波束方向性函数，与发射和波束的方向性函数完全相同，它与雷达参数、目标距离、目标特性等因素有关。

　　在和差比较器的△（差）端，两信号反相相加，输出差信号。由于差信号的振幅为两馈源接收到的回波信号振幅之差，因此，接收时差信号的波束方向性函数为对应两馈源的接收方向性函数之差，其方向图如图 2－26（c）所示，称为差波束。

　　在一定的误差角范围内，差信号的振幅与误差角成正比。差信号的相位与两馈源接收到的回波信号振幅的强者相同。当目标在等信号轴线上时，差信号为零。当目标偏离轴线的角度增加时，差信号的幅度就会增加。当目标从等信号轴线中心的一边变到另一边时，差信号的相位改变 180°。

　　因此，△端输出差信号的振幅大小表明了目标误差角度的大小，其相位则表示目标偏离天线等信号轴线的方向。

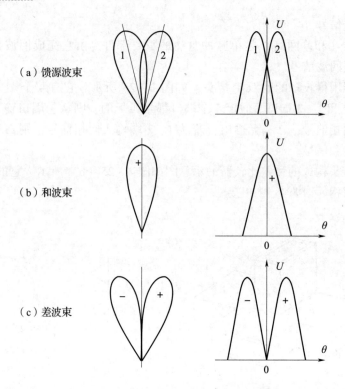

（a）馈源波束

（b）和波束

（c）差波束

图 2 – 26   振幅和差式单脉冲雷达波束

和差比较器和信号的相位与目标偏向无关，所以只要以和信号的相位作为基准，与差信号的相位进行比较，就可以鉴别目标偏离天线等信号轴线的方向。

为了利用和差比较器差路输出的目标角误差信号来控制天线角度跟踪目标，差信号经雷达接收机的差信号放大变换通道进行放大变换处理。

为了使输出的角度误差信号的大小与极性反映目标偏离天线轴线的角度大小及方向，差信号接收通道的检波器需采用相位检波器，而且用和信号作为相位检波的基准信号。

因为加在相位检波器上的中频和、差信号均为脉冲信号，故相位检波器输出为正或负极性的视频脉冲，其幅度与目标偏离天线轴线的角度大小成正比，脉冲的极性（正或负）反映了目标偏离天线轴线的方向。把相位检波器输出的视频脉冲变换成相应的直流误差电压后，加到伺服系统控制天线向减小角误差的方向运动，直到天线轴线对准目标。

（2）双平面振幅和差式单脉冲雷达

为了对目标的空间角度进行自动跟踪，必须在方位角和俯仰角两个平面上进行角度跟踪。为此，需要用 4 个馈源来构成振幅和差式单脉冲雷达天线，以形成 4 个对称的相互部分重叠的波束。在接收机中，有 4 个和差比较器和三路接收机放大变换通道（和支路、方位差支路、俯仰差支路）等。

图 2 – 27 是双平面振幅和差式单脉冲雷达的基本原理组成框图，图中 1、2、3、4 分别代表 4 个馈源。显然，如 4 个馈源同相辐射共同形成和方向图。接收时，4 个馈源接收信号之和（1 + 2 + 3 + 4）为和信号；（1 + 3）–（2 + 4）为方位角误差信号；（1 + 2）–

（3 + 4）为俯仰角误差信号。双平面单脉冲雷达的工作原理和单平面雷达原理一样，这里不再重复。

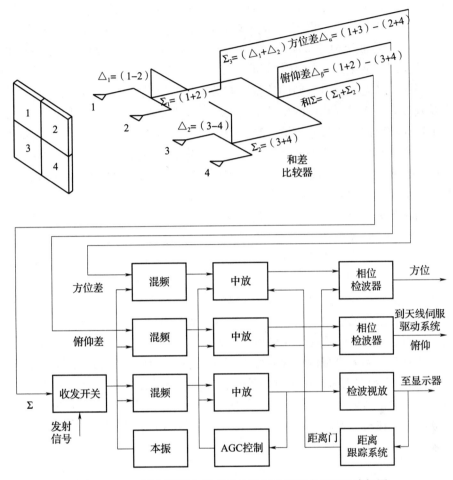

图 2 - 27　双平面振幅和差式单脉冲雷达的基本原理组成框图

　　三通道比幅单脉冲跟踪雷达是最常用的单脉冲系统，工作中要求三路接收机的工作特性（相移、增益）应严格一致。各路接收机幅、相特性如果不一致，将会造成测角灵敏度降低并产生测角误差。

　　有时，可以对差信号采用通道合并的方法，构成双通道接收机系统，即对方位差、俯仰差信号采用分时传输处理的方法，由接收机的一路放大变换通道进行传输处理。

　　如果用抛物面反射体产生两组（方位和仰角）相互部分重叠的波束，则其馈源可采用对称配置的喇叭或一个多模馈源喇叭。

　　四喇叭馈源最简单也用得最早，但它产生和波束的馈源口径与产生各独立波束的馈源口径尺寸不一样，故和、差波束不能同时达到最佳状态，存在"和、差矛盾"。下面就来说明这个问题。

　　我们知道，雷达接收信号功率与天线轴向增益平方成正比，在单脉冲雷达中，也就是与和波束增益平方成正比。而测角灵敏度则与波束交叠处的斜率有关，通常用差波束的斜率表示。这个斜率称为差斜率，它与差波束（相互交叠产生差波束的每个独立波束）的宽度和最大辐射方向的增益有关。产生差波束的各独立波束的最大增益越大，差波束的最大增益就越大，差斜率也就越大，测角越灵敏，因而测角精度就越高。我们希望和、差波束最大辐射方向的增益都能达到最大，使测距和测角的性能都达到最佳。

由天线理论可知，如果馈源的初级方向图对反射体形成最佳照射（即初级方向图的1/10功率点落在抛物面反射体口面边缘，如图2－28（a）所示，则抛物面反射体的口面利用达到最佳，因而波束最大辐射方向的天线增益达到最大。在反射体口面一定的情况下，为了实现最佳照射，初级方向图的宽度亦即馈源的口径尺寸是一定的。由此可知，为使和波束及差波束最大辐射方向的增益都达到最大，那么产生和波束的馈源尺寸与形成差波束的每个独立波束的馈源尺寸应该大致相同，这是因为都要对同一反射体口面实现最佳照射。要在一个角平面内形成差波束，需要两个部分重叠的独立波束（它们的馈源反相激励）。因此，为使和、差都达到最佳，形成差波束的馈源的总尺寸约为形成和波束的馈源尺寸的两倍。

显然，四喇叭馈源无法解决这个问题。我们取方位平面来说明。见图2－28（b），喇叭A、B同相激励时形成和波束，这时馈源的总口径为两个喇叭口径之和，设为最佳尺寸，亦即初级和方向图（图中实线所示）对主口径面满足最佳照射，故次级和波束最佳。A、B反相激励时形成差波束，这时A或B的口径尺寸只有最佳时的1/2，它们各自的方向图大大展宽，对主口径都不能实现最佳照射。两者合成的初级差方向图如图中虚线所示。可以看出，有很大的能量漏失，故只能得到高副瓣低增益的次级差波束。

反之，如图2－28（c）所示，把喇叭A和B的口径尺寸增大一倍，则各自对主口径面能实现最佳照射（两者合成的初级差方向图如图中虚线所示），故次级差波束最佳。但A、B同相激励形成和波束时，由于口径尺寸太大，初级和方向图（图中实线所示）过窄，主口径面照射不够，结果只能得到低增益的次级和波束。在仰角平面内也同样存在上述矛盾，四喇叭馈源存在和、差矛盾的主要原因是和、差波束的馈源尺寸不能根据照射要求分别合理地选择。

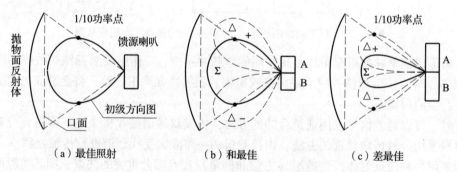

图2－28 最佳照射及和、差矛盾

同时满足和、差波束最佳的理想馈源如图2－29所示，在两个主平面内，差波束馈源的口径为和波束馈源口径的两倍。图2－30（a）为理想馈源的口径场分布。和模在两个主平面上都是偶对称的钟形分布。两边电场很弱，相当馈源口面缩小。差模在一个主平面为奇对称分布，另一个平面则与和模类似。这种最佳馈源可以用多喇叭馈源如五喇叭、十二喇叭等以及多模馈源来近似。十二喇叭馈源因结构太复杂，且各路间的相位振幅平衡很难做到，故很少采用。

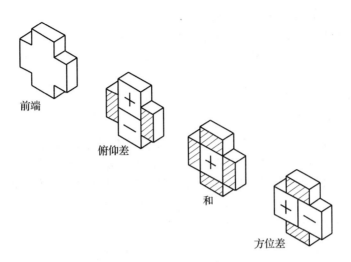

图 2 - 29   对和差信号近似理想的馈源电场分布

图 2 - 30（b）所示为五喇叭馈源。中心喇叭用作发射，并提供接收和信号，上下两个喇叭提供俯仰角差信号，左右两个喇叭提供方位角差信号。分别合理地选择中心喇叭和周围四个喇叭的口径尺寸，可分别控制和、差初级方向图，使次级和、差波束都接近最佳。在每个主平面内，形成差波束的每个喇叭的口径尺寸通常比中心喇叭的尺寸小（如图中 $b < a$），故它的初级方向图较宽，但因对应的两个喇叭相距较远，阵方向图较窄，两者相乘的结果，使总的初级差方向图对主口径能接近最佳照射。五喇叭馈源的优点是仅中心喇叭承受高功率，周围 4 个喇叭及其支路系统只需承受低功率，且和差网路结构简单。其缺点是形成差波束的两个喇叭的相位中心相距较远，所以交叉电平较低，差波束分离角大，差斜率有所降低，使角跟踪灵敏度相对降低。

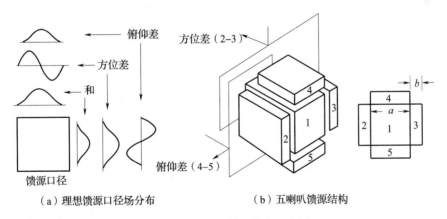

（a）理想馈源口径场分布　　　　（b）五喇叭馈源结构

图 2 - 30   五喇叭馈源结构示意图

解决和、差矛盾另一个较好的办法是采用多模馈源。所谓多模馈源，是指在同一个喇叭口内同时存在几个不同模式的场。这些模式是由特殊设计的器件产生的，且振幅和相位可以控制，使它们在馈源口径上合成的总的和模与差模场基本符合图 2 - 29 所示的分布。

多模馈源比多喇叭馈源结构紧凑、体积小、效率高，可较好地解决和差矛盾，因而目前用得较广。其缺点是要把各种模式按一定的相位和振幅要求组合成所需模式，必须精心设计和反复试验，才能最后确定结构尺寸。

在实际应用中出现了各种所谓多喇叭多模馈源，即在一个主平面采用多喇叭，另一个主平面采用多模，它分别取多喇叭馈源和多模馈源的较理想的一个主平面组合而成，因此更接近理想馈源。结构上较双平面上全为多喇叭的馈源简单，并且克服了上述多模馈源因控制数目较多的波形模次所带来的困难。

（3）相位和差式单脉冲雷达

相位和差单脉冲雷达是基于相位法测角原理工作的。我们知道，通过比较两天线接收信号的相位可以确定目标的方向。若将比相器输出的误差电压经过变换、放大加到天线驱动系统上，则可通过天线驱动系统控制天线波束运动，使之始终对准目标，实现角度自动跟踪。

图 2–31 示出了一个单平面相位和差单脉冲雷达原理框图。它的天线由两个相隔数个波长的天线孔径组成，每个天线孔径产生一个以天线轴为对称轴的波束，在远区，两方向图几乎完全重叠，对于波束内的目标，两波束所收到的信号振幅是相同的。当目标偏离对称轴时，两天线接收信号由于波程差引起的相位差为

$$\phi = \frac{2\pi}{\lambda} \cdot d \cdot \sin\theta \tag{2-40}$$

当 θ 很小时，$\phi \approx \frac{2\pi}{\lambda} \cdot d \cdot \theta$。

式中，d 为天线间隔，θ 为目标对天线轴线的偏角。

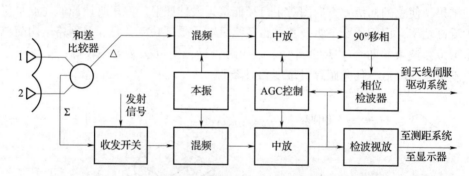

图 2–31　单平面相位和差式单脉冲雷达基本原理组成框图

所以两天线收到的回波信号为相位相差 ϕ、幅度相同的信号，通过和差比较器取出和信号与差信号。

设两天线收到的回波信号分别为 E_1、E_2，则由它们进行矢量合成得到和、差信号的矢量图如图 2–32 所示。

从矢量图可以看出：$E_\Sigma = 2E_1 \cos\frac{\phi}{2}$

$$E_\Delta = 2E_1 \sin\frac{\phi}{2} = 2E_1 \sin\left(\frac{\pi}{\lambda} \cdot d \cdot \sin\theta\right) \tag{2-41}$$

当 θ 很小时　　　$E_\Delta \approx E_1 \frac{2\pi}{\lambda} \cdot d \cdot \theta$

设目标偏在天线 1 一边，各信号相位关系如图 2–32 所示，若目

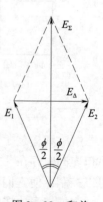

图 2–32　和差信号的矢量图

标偏在天线 2 一边，则差信号矢量的方向与图 2 – 32 中所示的相反，即差信号相位反相。所以差信号的大小反映目标偏离天线轴线的程度，其相位反映了目标偏离天线轴线的方向。

为了便于用相位检波器进行相位鉴别，必须把其中一路预先移相 90°。图 2 – 32 中，将和、差两路信号经混频、放大后，差信号预先移相 90°，然后加到相位检波器上，相位检波器输出电压即为目标角度误差电压。

2.3　相对速度测量

2.3.1　多普勒效应

多普勒效应是奥地利物理学家多普勒于 19 世纪（1842 年）在声学领域中首先发现的。当观测者向着声源运动时，他收到的声波频率高于他在静止时收到的声波频率；当观测者远离声源而去时，他收到的声波频率低于他在静止时收到的声波频率。显然当声源运动，而观测者静止时，也会产生同样的效应。这就是众所周知的多普勒效应。

这种多普勒效应不仅在声波传播中存在，同样也存在于电磁波传播中。对雷达而言，当雷达与目标之间存在相对运动时，多普勒效应体现在回波信号的频率与发射信号的频率不相等。雷达发射的电磁波信号遇到一个朝着雷达运动的目标时，由于多普勒效应，从这个目标散射回来的电磁波信号的频率将高于雷达的发射频率。同样，此反射信号被雷达接收时，由于多普效应频率也相应增高。

下面我们来分析运动目标的多普勒频移大小与哪些因素有关。设目标与雷达之间的距离为 R，则电磁波从雷达发射又从目标反射到雷达，其双程路径为 $2R$，此路径包含有 $2R/\lambda$ 个雷达波长。由于电磁波在空间传播的行程，使雷达接收的回波信号比发射信号的相位滞后，其值为 $\phi = 4\pi R/\lambda$。

当目标相对雷达运动时，R 与 ϕ 均随时间变化，则 ϕ 的变化率即为运动目标引起的目标回波多普勒角频率。即

$$\omega_D = \frac{d\phi}{dt} = \frac{4\pi}{\lambda} \cdot \frac{dR}{dt} = \frac{4\pi}{\lambda} \cdot V_r = 2\pi \frac{2V_r}{\lambda} \tag{2 – 42}$$

式中，$V_r = \dfrac{dR}{dt}$ 为目标相对于雷达的距离变化率，也即径向速度。因此，目标回波的多普勒频率为

$$f_D = \frac{2V_r}{\lambda} = \frac{2V_r}{C} \cdot f_c$$

由于距离变化率 $V_r = \dfrac{dR}{dt}$ 有正负之分，当距离变化率为负时，表示目标接近雷达，距离变化率为正时，表示目标远离雷达。由于目标接近雷达时，回波信号的频率高于雷达发射频率，因此 f_D 的表达式用下式表示

$$f_D = -\frac{2V_r}{\lambda} = -\frac{2V_r}{C} \cdot f_c$$

上式说明，由于目标和雷达之间存在有相对径向运动，使回波比发射频率 f_c 增加（或减少）了频移 f_D，我们称 f_D 为运动目标的多普勒频率（或频移）。其多普勒频率的大小与径向速度 V_r 成正比，而与雷达波长成反比。例如

$$V_r = 300\text{m/s} \qquad \lambda = 3\text{cm} \qquad f_D = 20\text{kHz}$$
$$V_r = 300\text{m/s} \qquad \lambda = 10\text{cm} \qquad f_D = 6\text{kHz}$$

对机载雷达来说，目标相对雷达的径向速度 V_r 的大小由雷达载机速度 V_R 与目标速度 V_T 在雷达对目标视线上的投影量之和，如图 2 – 33 所示。

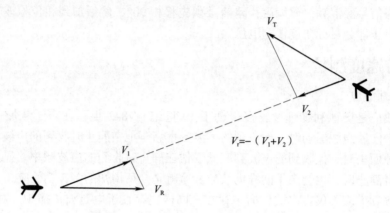

图 2 – 33 雷达与目标之间的径向速度

当目标速度投影矢量方向朝向雷达时，则 V_r 是两个速度投影量的数字之和；当目标速度投影矢量方向不朝向雷达时，距离变化率 V_r 是两个速度投影量之差，假如雷达速度投影量大于目标速度投影量，则距离变化率将是负的（距离不断减小），假如雷达速度投影量低于目标速度投影量，距离变化将是正的（距离不断增加）；假如两速度投影量相等，则 $V_r = 0$。

显然，当雷达载机速度方向及目标速度方向与雷达对目标视线方向一致时（这种情况称为迎头或尾追），距离变化率的数值最大，也即目标的多普勒频移最大。目标的多普勒频移能在多大范围内变化，完全取决于雷达载机与目标之间的位置情况。迎头接近时，它总是高的，尾追时总是低的。介于两者之间时，其值由视角和目标飞行方向而定。

2.3.2 多普勒频率检测方法

2.3.2.1 窄带滤波器组

对回波信号多普勒频率的检测，概念上它是十分简单的。将接收到的回波信号作用于通称为多普勒滤波器的滤波器组，每个滤波器都设计成窄通带的，只要接收信号的频率落入这个窄带时，滤波器就会产生输出，如图 2 – 34 所示。

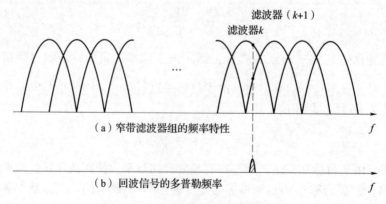

（a）窄带滤波器组的频率特性

（b）回波信号的多普勒频率

图 2 – 34 窄带滤波器组的频率特性

滤波器组中从低端到高端，每个滤波器的调谐频率逐渐升高。为了降低由于相邻滤波器跨在一个目标频率上所造成的信噪比损失，各滤波器的中心频率要靠近些，以使通带部分重叠。

滤波器组中窄带滤波器的带宽主要取决于积累时间的长度，或者说决定于目标回波脉冲串的作用时间长度，这样才可以保证对目标回波多普勒频率检测的精度和准确性。

整个窄带滤波器组的通带或者说其覆盖的频率范围，一般由输入信号的频率范围来决定。

多普勒滤波器组中的滤波器可以用模拟或数字技术实现。两者完成的功能基本相同，区别只在实现方法上。

模拟滤波器实质上是一种调谐电路。因为用这种电路滤波器比较容易在较低的射频频率上获得所希望的选择性。所以模拟滤波时，雷达回波的频谱一般要变换成 50MHz 量级或更低些的中频，以保持多普勒频谱相对发射频率位置的跟踪。各个模拟滤波器一般采用一个或多个石英晶体滤波器，因为石英晶体有着像电容、电感组合调谐回路一样的频率特性，但极其尖锐，因此通带很窄。

数字滤波器是用专用数字计算机的逻辑来实现的，计算机以数字方式完成滤波运算的这种处理称为用数字滤波。

实现数字滤波，需要将雷达目标回波数字化输入计算机中。为此需把接收机的输出变换到视频（零中频），然后对视频输出进行 A/D 转换，将视频回波信号幅度变换为二进制数字量输入计算机中。

下面我们就来讨论通过数字运算实现频域滤波的原理。

2.3.2.2　数字窄带多普勒滤波器组

数字窄带多普勒滤波器组是采用快速傅里叶（Fourier，简称傅氏）变换（FFT）算法对雷达回波信号进行频谱分析的一种方法，它是离散傅氏变换（DFT）的一种快速算法，它使傅氏变换的算法时间大大缩短，从而使傅氏变换技术能真正在计算机上实现实时频谱分析，所以在信号的数字处理技术中得到日益广泛的应用。下面我们就对利用离散傅氏变换形成窄带滤波器组的方法及物理意义进行一些简单分析。

（1）离散傅氏变换（DFT）的定义及物理意义

一个 N 点长时间落到 $\{X(n)\}$ 的 DFT 定义为

$$X(k) = \sum_{n=0}^{N-1} x(n) \, e^{-j\frac{2\pi}{N}nk} \qquad k = 0, 1, 2, \cdots, N-1$$

利用该函数 $e^{-j\frac{2\pi}{N}nk}$ 的正交性，可以得出相应的反变换为

$$x(n) = \frac{1}{N} \sum_{k=0}^{N-1} X(k) \, e^{j\frac{2\pi}{N}nk} \qquad n = 0, 1, 2, \cdots, N-1$$

下面我们利用图 2-35 所示的过程来说明 DFT 的物理意义。

图中（a）表示给出连续时间函数 $x(t)$ 和它的频谱 $X(f)$。首先对 $x(t)$ 进行取样，以得到便于计算机计算的离散值，即用图中（b）所示的取样函数去乘 $x(t)$。若设取样间隔为 Δt，则取样后所得到时间序列 $x(n\Delta t)$ 和相应的频谱 $X'(f)$ 如图中（c）所示。由于 $x(n\Delta t)$ 为取样函数与 $x(t)$ 的乘积，因此，$X'(f)$ 为取样函数的频谱与 $X(f)$ 的卷积，所以其频谱按 $1/\Delta t$ 重复出现。当取样频率 $1/\Delta t$ 取得足够高，取样后的频谱交叠现象可以忽略不计。

在实际计算中我们不可能处理一个无限长序列，因此必须将 $x(n\Delta t)$ 截断，即用窗

口函数 $g(t)$ 去乘 $x(n\Delta t)$。图中（d）为矩形窗口函数和它相应的频谱 $G(f)$。矩形窗口函数的宽度 $T = N\Delta t$。图中（e）为截断后的序列和它相应的频谱，由于时域的截断将在频域引起吉伯斯（Gibbs）效应，因此，图中（e）的频谱出现"波纹"。

最后一步是进行频域取样，频域取样函数和它对应的时域波形如图中（f）所示。频域取样间隔 $\Delta f = 1/T = 1/N\Delta t$。

经过频域取样后得出周期的离散频谱 $\widetilde{X}(k\Delta f)$，相应的时域信号为周期的离散信号 $\widetilde{x}(n\Delta t)$，如图中（g）所示。

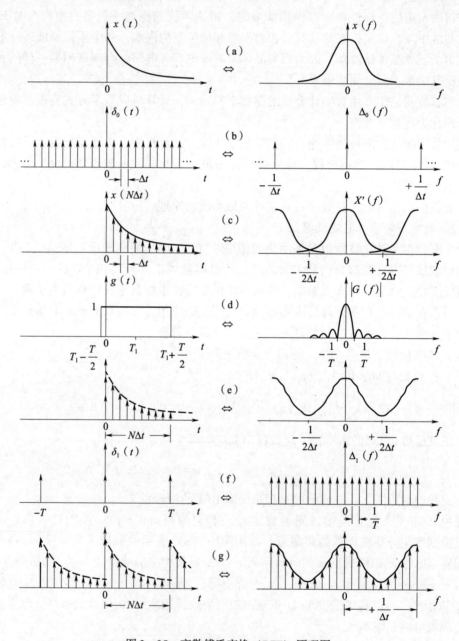

图 2-35　离散傅氏变换（DFT）原理图

各取 $\tilde{x}$（$n\Delta t$）和 $\tilde{X}$（$k\Delta f$）一个周期内的 N 个样本值，即构成前面给出的 DFT 变换对。

综上所述，如果对于在有限的时间间隔 $0 \sim T$ 截取的时间信号 x（t）均匀抽取 N 个样本，当取样频率 $f_s = N/T$ 大于信号 x（t）的最高频率分量 f_c 的两倍时（满足取样定理，不会发生信号丢失），对这 N 个样本作 DFT 所得到的频谱序列 X（k），即为 x（t）的频谱 X（f）的 N 个取样，这就是 DFT 的物理意义。

（2）DFT 的滤波特性

从前面的分析知道，当满足采样定理的条件时，一个时间函数的取样序列，经过 DFT 处理之后，其输出即为该信号频谱的取样。我们可以将每条频率谱线看成为对应于一个窄带滤波器输出，这就是 DFT 的滤波特性。下面我们就对 DFT 的滤波特性进行分析。

我们知道，滤波器的频率特性就是滤波器的输出随输入信号频率变化的关系。我们设输入信号为具有单位振幅的正弦信号，其频率为 f_1，当此信号被脉冲截断时，其频谱展宽，如图 2-36 所示。其频谱具有 $\sin x/x$ 的形状，其频谱宽度由截断脉冲的宽度 T 决定（$2/T$），如图 2-36（c）所示。

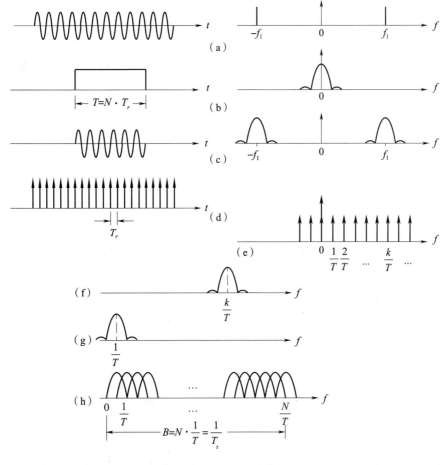

图 2-36　DFT 滤波特性

当对此信号从时域取样进行 DFT 变换时，其采样时间间隔 $\Delta t = T_r$（采样频率等于f_r），如图 2 – 36（d）所示。截断脉冲的宽度 T 与采样时间间隔 Δt 的关系是 $T = N \cdot \Delta t$。

而 DFT 从频域进行取样的取样频率位置是固定的（k/T），对某一取样频率点 k/T 来说，其输出 X（k）的大小，显然与取样频谱中对应频率分量相一致，当被取样信号的频率 $f = k/T$ 时，输出最大，而当被取样信号的频率 f 偏离 k/T 时，其输出减小，其减小规律与被取样的频谱规律相同，如图 2 – 36（f）、（g）所示。即对应每个取样频率点都可看成是一个窄带滤波器，其对应的频率特性具有 $\sin x/x$ 形状，中心频率为 k/T，0 到 0 宽度等于 $2/T$，其 3dB 带宽近似等于 $1/T$，并且具有频率副瓣。

这样，对 DFT 输出的 N 点频率抽样来说，可以构成一个由 N 个窄带滤波器组成的滤波器组，其频率特性如图 2 – 36（h）所示，其相邻滤波器中心频率间隔为 $1/T$，整个滤波器组覆盖的频率宽度为 N/T。

显然，在时域采样频率已定的情况下，DFT 构成的滤波器特性与截断时间长度 T 有很大关系，即 T 越长（采样点数 N 越大），则每个窄带滤波器的带宽越窄，即频率分辨率越好（当然相应地 DFT 的频率取样点的数目增大，频率取样数目 N 与时域中对信号采样的数目相等）。

从上面的分析中还可看出，DFT 构成的窄带滤波器也存在频率副瓣（旁瓣），这是由截断的窗口函数造成的。前面对 DFT 的分析采用的窗口函数为矩形窗，其旁瓣电平只比主瓣低约 13dB。副瓣的存在直接影响着滤波器特性，因此要加以抑制。

抑制副瓣的方法，可以采用不同的窗口函数来对时域信号进行截断。DFT 变换中常用的窗口函数有汉宁窗、海明窗、布莱克曼窗等，此处我们不作介绍。抑制副瓣的另一种方法是幅度加权，即时域采样的每个数据，按一定的关系乘上一个加权系数，这样也能使副瓣减小到能够接收的电平。

（3）DFT 的快速算法（FFT）

从原理上讲，DFT 给出了实现多普勒滤波器组功能的可能性，但直接用 DFT 算法去计算多普勒滤波器组的 N 个输出，需要进行的运算量很大，特别是频率取样点数 N 数值大的时候更为突出。为了说明这一点，我们将 DFT 的算式改变为如下形式

$$X(k) = \sum_{n=0}^{N-1} x(n) \cdot e^{-j\frac{2\pi}{N}nk} =$$

$$\sum_{n=0}^{N-1} x(n) \cdot W^{nk} \qquad k = 0, 1, 2, \cdots, N$$

式中，$W = e^{-j\frac{2\pi}{N}} = e^{-j\theta}$

利用上式将每个频率点的输出算式展开

$$X(0) = \sum_{n=0}^{N-1} x(n) \cdot W^{0n} = x(0) W^0 + x(1) W^0 + \cdots x(N-1) W^0$$

$$X(1) = \sum_{n=0}^{N-1} x(n) \cdot W^{1n} = x(0) W^1 + x(1) W^1 + \cdots x(N-1) W^{(N-1)}$$

$$X(2) = \sum_{n=0}^{N-1} x(n) \cdot W^{2n} = x(0) W^0 + x(1) W^2 + \cdots x(N-1) W^{2(N-1)}$$

$$\vdots$$

$$X(N-1) = \sum_{n=0}^{N-1} x(n) \cdot W^{(N-1)n} = x(0) W^0 + x(1) W^{(N-1)} + \cdots x(N-1) W^{(N-1)(N-1)}$$

从上面的展开式可以看出，每一行有 N 次复数相乘，$(N-1)$ 次复数相加运算。共有 N 行，则有 N^2 次复数相乘，$N(N-1)$ 次复数相加运算。如果 $N=1024$，则仅复数相乘的次数就需要 $N^2=1048576$ 即 100 多万次。显然要想利用 DFT 实现实时频域分析是很困难的。

1965 年美国人库利（Cooler）和图基（Tukey）提出了 DFT 的快速算法，并编制了该法的程序。后来又出现了许多种 DFT 的快速算法，这些算法一般统称为快速傅里叶变换（FFT）。FFT 一般可以把计算 DFT 所需的计算量减少几个数量级，从而使信号的实时频谱分析得以实现。

通过前面的分析可以看出，利用傅里叶变换算法，对一个距离门内多个发射周期内的视频回波采样数据进行运算即可得出该距离在目标驻留时间内目标回波的多普勒频率，即对应该多普勒频率的滤波器有输出。其输出信号的强度与 N 个采样数据之和成正比（因为每一取样频率的算式为 N 个采样数据与系数相乘的代数和），如果目标的多普勒频率在窄带滤波器的中心频率上，则比例系数为最大，因此，对 N 点回波采样做 FFT 处理相当于对 N 个脉冲进行相参积累，从而提高了对目标的检测能力。另外，为了减少副瓣对滤波器性能的影响，在进行 FFT 运算之前，需对采样数据进行加权处理。

在采用 FFT 对 PD 雷达回波信号进行频域滤波处理时，FFT 处理的取样点数、运算字长和运算速度的选择应当根据雷达有关参数以及雷达对信号处理机性能的要求综合考虑。

FFT 所等效的窄带滤波器组的频带宽度决定于采样时间间隔 Δt，等于 $B=1/\Delta t=f_r$。对脉冲雷达来说，对回波信号多普勒频率进行频域检测，FFT 所等效的窄带滤波器组的频带宽度等于雷达的脉冲重复频率。总带宽一旦确定，显然取样点数 N 越大，频率分辨率就越高，但设备的复杂程度也相应地增加。此外，变换点数 N 还受到天线目标驻留时间（即天线波束扫过一个波束宽度所需的时间）的限制。由此可见，当目标驻留时间一定时，N 取得过大是没有意义的。变换点数还应当与处理机的运算速度和运算字长综合考虑，以便在设备允许的条件下，同时满足雷达对信号处理机的实时性和处理精度等方面的要求。

2.3.2.3　速度模糊和盲速及其解决方法

对脉冲雷达来说，对回波信号多普勒频率进行频域检测，FFT 所等效的窄带滤波器组的频带宽度等于雷达的脉冲重复频率（或者说频域检测窗口的宽度为 f_r）。这样，当回波信号的多普勒频率大于脉冲重复频率时，将会发生测速模糊；当回波信号的多普勒频率等于脉冲重复频率的整数倍时，将造成盲速。

（1）速度模糊

速度模糊（多普勒频率模糊）与距离模糊相似，是指检测出来的目标速度数据不一定是目标的真实速度数据，对此我们以图 2-37 来说明速度数据模糊。

由图 2-37（a）可以看出，由于目标回波信号的多普勒频率小于脉冲重复频率，目标回波信号的多普勒频率主频率（ω_D）落在频域检测窗口之中，那么测出的频率即为真实的多普勒频率。

而当目标回波信号的多普勒频率大于脉冲重复频率时，目标回波信号的多普勒频率主频率（ω_D）将不出现在频域检测窗口之中，而是回波信号的多普勒频谱的边频分量落在频域检测窗口之中，如图 2-37（b）所示。此种情况下，从频域检测窗口中测出的频率值 ω_{D2}（视在多普勒频率），并不代表目标的真实多普勒频率值，因而出现测速模糊。

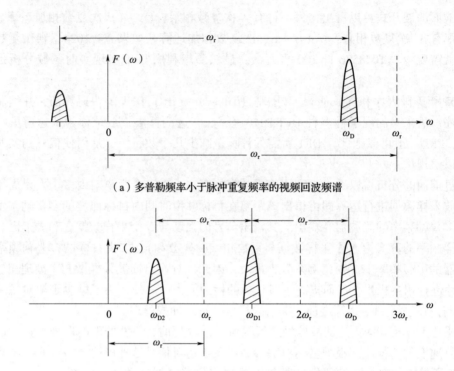

（a）多普勒频率小于脉冲重复频率的视频回波频谱

（b）多普勒频率大于脉冲重复频率的视频回波频谱

图 2 – 37　速度模糊示意图

（2）速度模糊的解决方法

采用 PRF 转换法也可以用来解决速度模糊问题，其方法与解距离模糊的方法基本相同。

当 PRF 转换时，目标回波信号频谱中的载频频率位置不会变化，但目标回波信号频谱中的上、下边带频率位置会发生相应的变化，如图 2 – 38 所示。从图中可以看出，当 PRF 增加时，上下边带的位置相应移动，其移动量的大小和方向决定于 PRF 的变化量和边带的位置，例如，第一上边频变化一个 ΔPRF，第二上边频变化两个 ΔPRF······

对速度不模糊的目标回波来说，由于其 f_D 在多普勒滤波器组带宽之内（带宽通常等于 PRF）因此 PRF 转换时，其视在多普勒频率值不变，等于目标的真实多普勒频率。

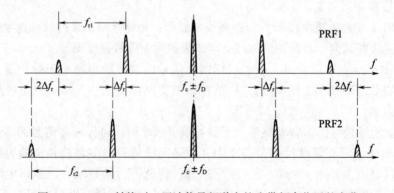

图 2 – 38　PRF 转换时，回波信号频谱中的边带频率位置的变化

对速度模糊的目标回波来说，由于其 f_D 大于 PRF，因此其落入多普勒滤波器组通带内的信号为其边带分量。这样在 PRF 变化时，其测量出的视在多普勒频率值也相应发生变化。我们可以根据视在多普勒频率的变化方向，确定目标的真实多普勒频率。

设视在多普勒频率的变化量为 Δf_D，PRF 的变化量为 Δf_r，则目标回波落入多普勒滤波器组带宽内的边频分量的位置（第几边带）可以通过下式确定

$$n = \Delta f_D / \Delta f_r$$

当 n 值确定后，目标的真实多普勒频率为

$$f_D = n f_r + f_{D0} \tag{2-43}$$

式中，f_r 为 PRF 转换前的重复频率值，f_{D0} 为转换前测量的视在多普勒频率值。

为了避免由一个以上目标同时收到的反射回波时出现幻影的可能，应该像解距离模糊时那样采用三种 PRF。

消除距离模糊的另一种方法是采用距离微分法，这种方法是利用距离跟踪回路测出的距离数据的变化率（dR/dt），计算出对应的多普勒频率 f_{DR}，然后与测得的视在多普勒频率 f_{D0} 算出余数 n 的值

$$n = \left[(f_{DR} - f_{D0}) / f_r \right]$$

式中，[ ] 是取整运算。

求出 n 值后，即可利用前面的算式求出目标的真实多普勒频率。通常由于距离跟踪系统得到的 f_{DR} 误差比较大，但只要 f_{DR} 与真实的多普勒频率的误差小于 $\Delta f_r / 2$，就可以得到正确的结果。

（3）盲速及其解决办法

所谓盲速，是指目标回波信号虽然具有一定的多普勒频移，但由于其多普勒频移等于雷达脉冲重复频率的整数倍，因此经过相位检波后，输出的视频脉冲为等幅脉冲（多普勒频率为零）。这样在频域中无法检测此信号，从而造成盲速现象。

盲速的解决方法同样采用 PRF 转换法，对一种 PRF 时出现盲速的回波信号必然对另一 PRF 不会出现盲速。

2.3.3　速度跟踪

雷达对目标的相对速度进行连续、精确测量的过程称为速度跟踪。

2.3.3.1　连续波测速雷达速度跟踪原理

连续波测速雷达连续波射频信号，连续波信号照射到运动目标时，其反射回波被雷达接收后，经放大变换及相位检波处理后，可得到目标回波的多普勒频率信号。目标回波的多普勒频率信号加到多普勒频率检测系统，进行速度检测。

当只需测量单一目标的速度，并要求给出连续的、准确的测量数据时，则可采用跟踪滤波器的办法来代替窄带滤波器组。下面分别讨论两种跟踪滤波器的实现方法。

（1）频率跟踪滤波器

跟踪滤波器的组成原理框图如图 2-39 所示，这是一个自动频率微调系统。输入信号频率为 $(f_I + f_D)$，它与压控振荡器输出信号在混频器差拍后，经过放大和滤波送到鉴频器。如果差拍频率偏离鉴频器中心频率（f_z）位置，则鉴频器将输出相应极性和大小的误差控制电压，经低通滤波器后送去控制压控振荡器的工作频率变化，使混频后的差频频率靠近鉴频器的中心频率。这种闭环系统的调整达到稳定时，压控振荡器的输出频率接近于

输入信号频率（$f_1 + f_D$）和鉴频器中心频率（f_z）之和。压控振荡器频率的变化量就代表了信号的多普勒频率，因而将压控振荡器频率经过变换处理后，即可输出目标的速度数据。

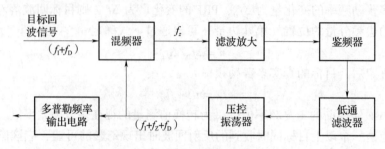

图 2 – 39　频率跟踪滤波器组成

从图中可以看出，频率跟踪滤波器就是一个自动频率微调系统，系统的稳态频率误差正比于输入频率的变化量。

（2）锁相跟踪滤波器

频率跟踪滤波器是一个一阶有差系统，因为系统中没有积分环节。可以采用锁相回路来得到无稳态频偏的结果。在这种系统中，相位差是频率差积分的结果，只有频率差等于零时才能得到固定的相位差。

锁相回路的组成原理框图如图 2 – 40 所示。

设输入信号为 $U_i \cos \left[(\omega_i + \Delta\omega_i)\ t + \varphi_1 \right]$，其相角增量为 $\theta_i = \Delta\omega_i t + \phi_1$；而压控振荡器输出电压为 $U_o \cos \left[(\omega_o + \Delta\omega_o)\ t + \phi_o \right]$，其相角增量为 $\theta_o = \Delta\omega_o t + \phi_o$。鉴相器的输出是输入相角 θ_i 和输出相角 θ_o 之差的函数，当其相角较小时，可用线性函数表示，这时输出电压 $u_1 = K_D\ (\theta_i - \theta_o)$。

由于频率是相位的导数，而误差电压 u_2 直接控制压控振荡器的频率，故对输出相角 θ_o 来讲，VCO 相当于一个积分环节。

因此，将锁相回路用作跟踪滤波器时，由压控振荡器输出的信号频率中取出多普勒频率，将没有固定的频率误差。但用锁相回路时要求压控振荡器（VCO）的起始装定值更接近输入值，且目标的运动比较平稳。

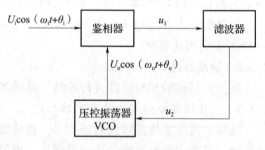

图 2 – 40　锁相回路原理框图

2.3.3.2　脉冲雷达速度跟踪原理

脉冲雷达测速进行速度跟踪的原理框图如图 2 – 41 所示。

脉冲雷达对某一距离（图中对应为距离门 k）的单一目标进入跟踪后，速度跟踪系统对该目标的多普勒频率进行跟踪（速度跟踪）。

进行速度跟踪时，多普勒频率回波信号加到速度误差鉴别器，与速度波门进行误差鉴别。典型的速度鉴别为幅度分裂门速度鉴别，如图 2 – 42 所示。

幅度分裂门速度鉴别器由两个滤波频率相邻的窄带滤波器组成，相邻两滤波器分别称为低多普勒频率滤波器和高多普勒频率滤波器。采用这种方法时，如果速度门位置正确，即混频后信号的频率等于预定的频率（速度门中心频率），则低、高多普勒频率滤波器的

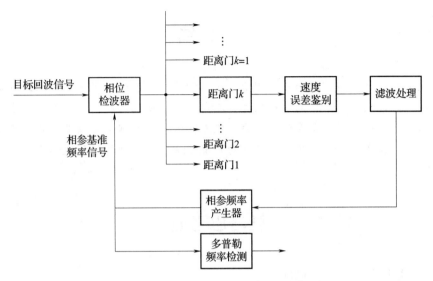

图 2 – 41　脉冲雷达速度跟踪的原理框图

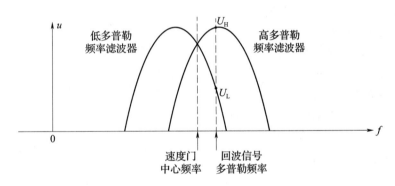

图 2 – 42　幅度分裂门速度鉴别

输出是相等的，反之，不等于预定频率时，两滤波器的输出不同。利用两滤波器的输出 U_H 和 U_L 可以鉴别速度门偏离目标多普勒频率的方向和大小，即

$$\Delta U = \frac{|U_H| - |U_L|}{|U_H| + |U_L|} \tag{2 – 44}$$

上式速度鉴别测量值代表速度跟踪时速度门的误差，利用此误差信号经滤波处理后，控制相参基准频率产生器的频率变化，使得目标多普勒频率的位置出现在速度鉴别的预定频率上。

另一种速度鉴别方法称为功率重心速度鉴别。采用该方法进行速度鉴别时，直接将目标信号多普勒频率预置于中心多普勒滤波器的中心频率上。中心滤波器的两侧各邻接一个频率比其低和高的多普勒滤波器，它们分别称为低端滤波器和高端滤波器。利用低、高端滤波器的输出也可进行速度鉴别，即利用低、高端滤波器输出功率之差除以和的结果，来鉴别速度门跟踪的误差。

对相参基准频率产生器输出信号的频率进行检测处理，即可连续输出精确的目标速度数据（视在多普勒频率数据）。

小　结

　　本章主要对机载火控雷达测距、测角和测速的基本原理进行了介绍。测距有脉冲法测距、调频法测距以及距离跟踪的实现原理；测角主要有相位法测角和最大信号法测角，单脉冲角度跟踪方法是常用的角度跟踪方法，优点明显；雷达测速可以采用脉冲多普勒效应采用频域滤波的方式实现，有模拟和数字的实现方法。各种测量的原理和方法是我们学习的重点。

复习思考题

1. 雷达测距的基本方法有哪些？
2. 时间调制器的作用？
3. 脉冲法测距的基本原理是什么？
4. 调频法测距的基本原理是什么？
5. 距离跟踪的原理是什么？
6. 相位法测角的原理？
7. 单脉冲测角的原理？
8. 什么是多普勒效应？
9. 雷达测速的方法有哪些？
10. 和差器的作用是什么？

第3章　机载火控雷达天线系统

天线系统是机载火控雷达的重要组成部分。随着战争的需求变化、技术的进步，促进火控雷达技术不断的发展，从外观上而言，火控雷达设备变化最明显的部分就是雷达天线的变化。本章我们主要讲述机载火控雷达的天线系统的基本原理，重点说明抛物面天线、平板裂缝天线和相控阵天线的结构原理、基本组成，以及技术指标等。

3.1　天线的基本原理

天线是用来发射和接收电磁波的装置。向空间发射电磁波的装置，称为发射天线；接收空间传来的电磁波的装置，称为接收天线。天线的种类和形式是多种多样的，并且各有其特点，但是，在特殊性中存在着普遍性，在个性中存在着共性，各种各样的天线也有着它们共同的基本原理。

3.1.1　天线的辐射

辐射是一种常见的物理现象。围着火炉可以取暖，是由于有热辐射；灯塔可以引航，是由于有光辐射；电子技术能够实现通信、导航、遥控、遥测以及电子对抗等，则是由于有电磁波辐射。电磁波的辐射，就是指交变电磁场能量离开天线向空间传播的过程。

当有交变电流流过导体时，会在其周围产生交变磁场；同时，由于交变电流相当于随时间变化的电荷，因此，在其周围还会产生交变电场。这种由交变电流、电荷产生的电磁场，其中一部分始终受着电流、电荷的束缚，伴随着电流、电荷的出现而出现，伴随着电流、电荷的消失而消失，只能在导体周围发生变化，而不向外传播，所以在导体附近场强较强，随着距离的加大很快衰减；而另一部分，则是可以辐射的，并能传播到很远的地方。

那么电磁能是怎样离开导体向空间传播的呢？

当线圈中磁通变化时，线圈上会激起感应电动势

$$e = -d\Phi/dt \tag{3-1}$$

激起感应电动势的原因可以这样认为：感应电动势的起源是由于变化着的磁场激起电场，电场力作用于导体中的自由电子，使自由电子逆电场方向运动，回路激起感应电动势。因此电磁感应的本质是变化着的磁场在其周围产生电场，导体上的感应电动势不过是在这种电场作用下的表现。即使没有导体存在，这种电场也总是存在的，磁场增加时，电场的方向如图 3-1 所示。

电场的方向是由电磁感应定律——即感应的结果总是反对变化的原因这个关系来确定的。磁场变化率越大，产生的电场越强，这种电场与静电场不同，它的电力线形成闭合回路。

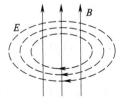

图 3-1　电场与磁场的方向

同样，交变的电场也会产生磁场。这个概念可以用电容器充电的过程来加以说明。

如图3-2（a）所示的电路中，当平板电容器被充电时，电路中就有传导电流 i，而在电容器的介质中并没有传导电流，这似乎违反了电流的连续性，但是由于充电电流的存在，平板上的电荷逐渐增加，平板间介质内的电场也就逐渐增强，我们将电场随时间的变化率也看作电流，即

$$\Delta E / \Delta t = I \qquad (3-2)$$

这样就满足了电流连续性的原则，这种电流与导体内的传导电流不同，称为位移电流 i_D。位移电流的名称是从介质在电场作用下产生介质极化，介质内的正、负束缚电荷产生位移而得名的。当电压按正弦变化时，位移电流和电压的关系如图3-2（b）所示。

但是位移电流的概念不只局限于介质中电荷的位移，在真空条件下，即使没有像在介质中的电荷的位移，同样可以存在电场，当电场随时间变化时，就出现位移电流。

试验证明，位移电流与传导电流一样能激起磁场，当电场增强时，变化的电场产生的磁场如图3-2（c）所示，两者关系也符合右手螺旋定则。电场变化率越大，产生的磁场越强。

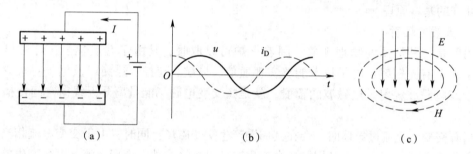

图3-2　变化电场产生磁场

这种由交变磁场诱生出来的新的交变电场和由交变电场诱生出来的新的交变磁场，不再受导体上交变电流、电荷的束缚，而能离开导体向空间传播。

下面具体分析受束缚和不受束缚的交变电磁场的关系。

如图3-3（a）所示，假定激励该导线的电源为正弦电动势，在单元段1中的电流为

$$i_1 = I_m \sin\omega t \qquad (3-3)$$

它产生一同相的磁通 Φ_1，并以一定的速度 v 向其他单元段传播。到达单元段2的磁通为 Φ_{21}，由于2距1的距离为 d，所以 Φ_{21} 比单元段1中的电流 I_1 滞后一个角度 θ，这一角度为

$$\theta = \beta d = \frac{\lambda}{2\pi}d \qquad (3-4)$$

如果导体上各点电流同相（见图3-3（a）为张开的开路传输线，线上电流为驻波，如果一个臂的长度小于 $\lambda/2$ 时，线上各点电流同相），那么，Φ_{21} 比单元段2中的电流 I_2 滞后 θ 角。根据电磁感应定律，磁通 Φ_{21} 将在单元段2中产生感应电动势 ε，ε 比 Φ_{21} 滞后 90°，见公式（3-1），而比 I_2 滞后 90°+θ，如图3-3（b）所示。

电动势 ε 可以分解为 ε_1 和 ε_2 两个互相垂直的分量。

电动势分量 ε_1 与电流 I_2 的相位差为 90°，所以，相应的电场强度 E 和磁场强度 H 在

相位上也彼此相差 90°。它们只随时间互相转化，交替地离开导线而又全部返回导线，不能辐射出去。这种电磁场，称为感应场。计算证明，感应场的电场强度与距离的三次方成反比，所以它主要存在于导线附近的空间内，当离开导线的距离达到 $\lambda/6$ 以上的时候，就可以忽略不计了。

而电动势分量 ε_2 与电流 I_2 反相，则 I_2 要克服 ε_2 的作用而做功。将 ε_2 的作用等效为一个消耗在"电阻"上的电压 U_2（$U_2 = -\varepsilon_2$）所以单元段 2 上的电压 U_2（$U_2 = -\varepsilon_2$）与电流 I_2 同相，产生有功功率 ΔP（$\Delta P = U_2 I_2$）。同理，整个导线的每一单元段上都会产生这种有功功率的消耗。这种功率消耗，即使在导线电阻为零的情况下也仍然存在，很明显，这部分能量是转变为电磁波向周围空间辐射出去了。

图 3 – 4 中画出了电磁能量离开导线的情形。图中 H 表示电流 I 产生的磁场强度，E 表示与电流反相的电动势所产生的电场强度。根据右手螺旋定则，能流密度 S 就是垂直离开导线的。这种离开导线向空间辐射的电磁场，称为辐射场。交变电、磁场相互依赖，相互连接，成为一个统一体，以一定的速度（光速）传播到很远的地方。

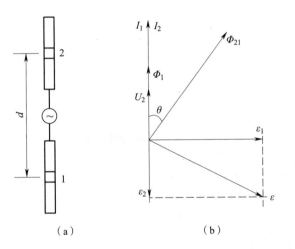 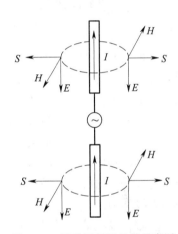

图 3 – 3　导线两单元段之间电磁场的相互作用及其矢量图　　　　图 3 – 4　导线辐射能量的示意图

天线的感应场和辐射场还可以用投石于水池中产生的物理现象相比拟。我们可以看到：在石头投扔的中心点近旁，溅起许多水珠，而在较远的区域，又明显地看到水波以中心点向外传播。那么，溅起的水珠就相当于感应场，它不会离开投扔中心附近向四周运动，是由石头与水面接触后直接激起的，并随石头沉入水底而消失；水波则相当于辐射场，它脱离投扔中心向四周运动，并与石头沉入水底无关，石头沉入水底后，它仍向前传播。

3.1.2　天线的接收原理

天线不仅可以用来辐射电磁波，同一天线还可以用于接收电磁波。

当空间传来的电磁波掠过天线时（如图 3 – 5 所示），与天线轴线平行的电场分量，将使导线中的自由电子随电场的变化而来回运动，因而在天线上就产生了与电磁波频率相同的交变电流与电动势。这一现象也可用电磁感应原理来解释，即电磁波中与天线轴线垂直的磁场分量，在电磁波传播的过程中，不断地切割天线，因而在天线中产生了交变的感应电动势和电流。可见，两种解释方法，其结论是一致的。

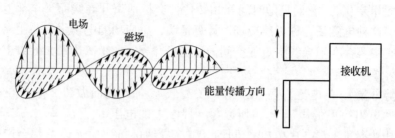

图 3 - 5　天线接收电磁波的示意图

这说明，天线能将空间电磁波的一部分能量接收下来。其接收的能量，一部分沿着传输线送到接收机中去；另一部分则因天线末端开路而产生反射，从而在天线上形成驻波，其驻波电流和驻波电压的分布与发射天线的情形完全相同。

天线用来发射或接收电磁波，是雷达系统中最关键的部件之一。天线结构必须保证天线在任何环境条件下保持工作。通常在相对恶劣的环境条件下使用天线罩来保护天线。

3.2　天线的主要技术参数

3.2.1　天线的增益

雷达的基本性能与天线面积或孔径和平均发射功率的乘积成正比。因此，在天线上的投入可以为系统性能方面带来显著的效果。考虑到这些功能和雷达天线所需的效率，通常采用以下两种方式。

当天线单独用作发射或接收用途时，天线增益是一个重要的特性。有些天线的辐射源向各个方向均匀地辐射能量，这种辐射称为各向同性辐射。

从天线辐射出来的能量形成一个具有一定辐射图形的场。辐射图是一种绘制天线辐射能量的方法。这种能量是在与天线保持恒定距离的不同角度测量的，它的形状取决于所使用的天线类型。

主瓣，围绕最大辐射方向的区域（通常是主波峰值 3dB 以内的区域）。

旁瓣，远离主瓣的较小的瓣。这些旁瓣通常是辐射在不希望的方向，永远不能完全消除。旁瓣电平是表征辐射模式的一个重要参数。

背瓣，是与主波束方向相反的辐射的一部分。

天线的方向性是指天线把辐射出去的能量集中在期望方向上的程度，通常看到的天线的三维图形，虽然大部分能量都集中在视轴的一个大致区域内，就是大家所熟知的"主瓣"，但是在其他方向上或多或少都要辐射一些能量，受大家关注较多的是"旁瓣"以及主副瓣比。

天线增益是相对于参考天线来说的，比如说 100W 的功率馈给天线并不会得到大于100W 的辐射能量。而是以牺牲其他方向为代价，天线将辐射能量集中到特定方向，从而得到了相对于参考天线的增益。

在输入功率相等的情况下，天线增益是指实际天线和参考天线在空间同一点处的功率密度之比。以各向同性天线或偶极子天线为参考，得到天线增益的单位分别为 dBi 和 dBd。

天线增益描述的是天线将功率集中辐射的程度，因此与天线方向图密切相关。一般来说天线方向图主瓣越窄、副瓣越小，则增益越高。

有效辐射功率（effective radiated power，ERP）和等效全向辐射功率（eguivalent isotropic radiated power，EIRP）是有区别的。

有效辐射功率定义为天线增益和输入功率的乘积。假设一个 100W 的发射机连接到增益为 9dBd 的天线上，系统传输线和接头损耗为 3dB，计算出 ERP = 50dBm + 9dBd − 3dB = 56dBm，ERP 是 400W。

这里的 ERP = 400W 并不是说发射机馈给天线的功率增加了，而是说如果采用的是偶极子天线，在该方向上达到相同的辐射效果，需要的等效功率是 400W。

在谈到天线增益的时候，会有方向性增益和功率增益的区分，它们是通过辐射效率相互联系的，方向性增益总是大于功率增益的，并与天线波束宽度有密切关系。

天线方向图可以看出在空间不同方向有大小不同的增益，我们常说的"天线增益"通常是指产生最大增益方向上的增益，单位为 dBi 或者 dBd。这两个单位的参考基准不同，前者是以各向同性天线为基准，后者是以偶极子天线为基准。

偶极子天线的增益：0dBd = 2.15dBi

也就是说若以 dBd 来表示天线增益时，数值会变小。例如：增益为 5dBd 的天线增益可以表示为 7.15dBi。

常说的天线"3dB 波束宽度"是指天线增益下降到视轴增益一半，也就是相比于最大增益衰减了 3dB 时两个增益值之间的夹角。

3.2.2　天线的极化

天线的辐射场由电场和磁场组成。这些场总是成直角。电场决定了波的偏振方向。当一个天线从经过的无线电波中提取能量时，天线方向与电场方向相同时，会产生最大的电场。电场的振荡可以是单向的（线性极化），或者电场的振荡方向可以随波的传播而旋转（圆极化或椭圆极化）。

垂直和水平安装的接收天线分别接收垂直和水平极化波。由于天线无法接收极化不同的信号，因此，极化的变化会导致接收到的信号电平发生变化。主要采用两种极化面：在垂直极化波中，电场方向是垂直的；在水平极化波中，电场方向是水平的。

线性极化可以接收所有平面的信号，但除了两个极化正交的情况。当用一个单线天线来接收无线电波时，电场方向一致时接收天线接收到的能量最大，因此垂直的天线用于高效接收垂直极化波，水平的天线用于接收水平极化波。

圆极化是指每一次射频能量循环时，电场都会 360° 旋转。圆极化是由两个 90° 移相接收器和两个同时移动 90° 的平面极化天线引起的。由于波的强度通常用电场强度（伏特、毫伏或每米微伏）来测量，所以选择电场作为参考场。

在某些情况下，电场的方向不保持恒定。因此，波在空间中传播时，磁场也随之旋转。在这些条件下，场的水平分量和垂直分量都存在，波具有椭圆极化性。

圆极化包含右旋圆极化和左旋圆极化。圆极化波由与透射波相反的球形雨滴反射。在接收时，天线会排斥与圆极化方向相反的波，从而最大限度地减少对雨滴的探测。由于飞机目标与雨不同，它不是球形的，所以目标的反射在原始极化意义上具有重要的分量。因此，相对于雨滴目标，目标信号的强度会增强。

为了最大限度地吸收来自电磁场的能量，接收天线必须位于同一极化面。如果使用极化方向不同的天线，会产生相当大的损耗，实际损耗在 20 ~ 30dB 之间。在强空气杂波出现时，空中交通管制员倾向于打开圆极化天线。在这种情况下，空气杂波对目标的隐藏效果会降低。

3.2.3 天线的其他参数

因为发射天线是将高频交流电能量变换成向空间辐射电磁能量的装置，所以发射天线的基本特性应包含天线对高频交流电源所呈现的特性和天线向空间辐射出电磁波的特性。

（1）辐射电阻

天线将高频电源的能量转换成电磁波向空间辐射，天线的辐射功率向空间扩散出去，不再返回电源，具有有功功率的特性，所以可将辐射功率 P_Σ 看作天线电流流过某一等效电阻 R_Σ 所消耗的功率，即

$$P_\Sigma = I_A^2 R_\Sigma \tag{3-5}$$

这个等效电阻通常就称为辐射电阻。

辐射电阻就是天线辐射的功率与天线上腹点（凸点）电流有效值平方的比值。天线电流一定时，辐射电阻越大则辐射功率越大。因此，辐射电阻的大小表示了天线的辐射能力。天线增长，辐射能力增强，辐射电阻增大。但若天线过长，天线上出现反相电流，则辐射电阻要减小。计算证明：半波天线的辐射电阻为 73.1Ω，全长为一个波长的全波对称振子，辐射电阻为 200Ω。

辐射电阻比辐射功率更能说明天线本身的辐射能力。因为辐射功率的大小，不但与天线结构有关，并且还与电源的功率有关，电源的功率大，天线上电流大，辐射功率也大。而辐射电阻只取决于天线的结构，与电源的功率无关，因电源功率大，天线上电流大，辐射功率也大，其比值不变。需要指出：辐射电阻是一个代表消耗能量的等效电阻，它所消耗的能量就是天线辐射出去的能量，但辐射电阻绝不是天线导体的实际电阻。

（2）效率

天线的效率 η_A 是表明天线转换能量有效程度的参数，它等于辐射功率 P_Σ 与输入功率 P_A 比，再乘以百分数，即

$$\eta_A = P_\Sigma / P_A \tag{3-6}$$

因为天线在转换能量的过程中，天线的导线电阻和绝缘介质都要损耗功率，用 P_d 来表示。天线的输入功率一部分辐射出去，另一部分损耗掉，即

$$P_A = P_\Sigma + P_d \tag{3-7}$$

天线损耗功率的大小，可以用一个等效的损耗电阻 R_d 来表示，即

$$R_d = P_d / I_A^2 \tag{3-8}$$

因此天线的效率就可以表示为

$$\eta_A = P_\Sigma / P_A = P_\Sigma / (P_\Sigma + P_d) = 1 / [1 + (P_d / P_\Sigma)] = 1 / [1 + (R_d / R_\Sigma)] \tag{3-9}$$

可见，由于损耗的存在，η_A 总小于1。辐射电阻越大，损耗电阻越小，则 η_A 越高。在实际维护工作中，保持天线完好无损、接触良好和清洁等都是提高天线效率的重要措施。因为天线变形会引起辐射能力的减弱，天线上不清洁会增加损耗功率。

（3）输入阻抗

为了使传输线送来的高频功率能全部供给天线，必须使天线的输入阻抗与传输线相匹配，为此需要了解天线的输入阻抗及其变化规律。

天线的输入阻抗是天线在输入端对传输线所呈现的阻抗，它等于天线输入端电压 U_{in} 与电流 I_{in} 的比值，即

$$Z_{in} = U_{in}/I_{in} \qquad (3-10)$$

当输入端电压与电流同相时，Z_{in} 为纯电阻；不同相时，则 Z_{in} 中有电阻分量 R_{in} 和电抗分量 X_{in}。

对称振子是张开的开路传输线，其输入阻抗的变化规律与开路传输线有相似的地方。但是天线上的电磁场在运功的过程中向外辐射，这是与传输线不同的特殊矛盾，这种特殊矛盾就构成了它的输入阻抗与传输线不同的特殊本质。

此外，天线的输入阻抗还受天线附近物体的影响。当天线附近有物体存在时，特别是金属物体，其尺寸与波长相近或比波长更大时，由于交变电磁场的相互作用，也会影响天线上的电流和电压，因此影响天线的输入阻抗。这好像互感耦合电路一样，有次级回路存在时，就会在初级回路中造成一个反射阻抗，而使初级回路的阻抗发生变化。这个问题在实际工作中应引起注意。如地面通电检查时，天线附近有汽车、油桶、炸弹、起动车、牵引钢索等物体，或站有人时，这些都会影响天线的输入阻抗，以及电波的反射，从而影响天线辐射和接收信号的强度。

（4）天线的方向性

从单元振子辐射场的分析中可以看出，在与振子距离相等的各点，场强的大小随着方向的不同而改变。天线辐射场强随方向的不同而变化的特性，称为天线的方向性。因为场强大的方向，辐射功率也强，场强弱的方向，辐射功率也弱，所以天线的方向性也就是天线辐射的功率在不同方向的分配情况。如天线辐射的功率主要集中在某一方向，则称为天线的方向性强，如天线辐射的功率均匀分配在各个方向，则称天线是无方向性的。

天线的方向性根据电子设备的不同工作情况有不同的要求。在雷达设备中为了确定目标的方向，天线辐射的电磁波像探照灯的光束一样聚集成很窄的波束，所以，雷达天线具有很强的方向性。在电子对抗设备中，由于任务的不同，则要求天线具有相应的方向性。而在一般广播或飞机与地面之间的通信联络方面，为了保证不同方向都能正常工作，则要求天线具有均匀的无方向性。

为了形象地表明天线的方向性，常采用方向图。天线的方向图是表示距离相同而方向不同，天线辐射场强（或功率）的变化图形。

因方向图像花瓣的形状，所以方向图又称为波瓣图。

在 H 平面中由于振子的对称性，在各方向辐射场强都相等，且等于最大值，所以方向图是一个半径等于 1 的圆。由此可知 H 平面各方向的辐射是均匀的，或者说是没有方向性的。

将上述两个平面内的方向图综合在一起，或将 E 平面内的方向图绕振子纵轴旋转一周，所得到的曲面就是单元振子的立体方向图，如图 3-6 所示。它像一个"苹果"，形象地表示了单元振子场强随方向变化的规律。图中为了观察方便，将方向图"切"去了四分之一。

方向图也可以用辐射功率密度即某方向单位面积内辐射功率的大小来表示。因为辐射功率密度与电场和磁场的乘积成正比，或者说与场强的平方成正比（电场与磁场的比值等于波阻抗，空间波阻抗是一常数），所以功率密度随方向的变化曲线更显著一些。如某方向场强的相对值为 0.707，则功率密度的相对值为 $(0.707)^2 = 0.5$。单元振子 E 平面功率密度的方向图是两个扁圆构成的横"8"字，如图 3-7 中虚线所示。

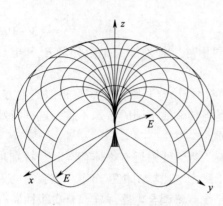

图 3-6　单元振子立体方向图

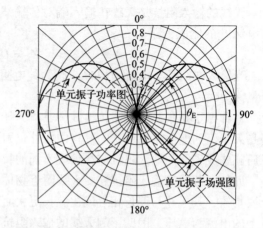

图 3-7　单元振子的场强和功率密度方向图

上述方向图是用极坐标系统画出来的，具有形象的优点，它能直接给出不同方向辐射场强的相对变化情况。需要注意：方向图不能理解为电磁波辐射的一个范围，好像电磁波只有在方向图的波瓣内才存在。

有时也采用直角坐标来绘制方向图，横坐标是方向角 θ 或 φ，纵坐标是场强的相对值。单元振子的直角坐标方向图如图 3-8 所示。

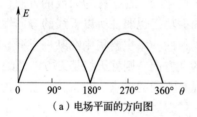

（a）电场平面的方向图

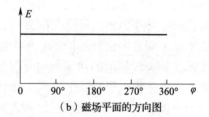

（b）磁场平面的方向图

图 3-8　单元振子直角坐标的方向图

由直角坐标方向图可以方便地看出主、副瓣之间的差异，特别是主、副瓣差别较大时（如图 3-8 所示）。直角坐标表示的方向图放大了副瓣，更易于分析天线的辐射特性，所以工程上多采用这种形式的方向图分析强方向性天线，如面天线、阵列天线等。

功率方向图表示天线的辐射功率在空间的分布情况，往往采用分贝刻度表示。如果采用分贝表示，则功率方向图与场强方向图是一样的。

在有的情况下，天线的方向性也用方向性函数来表示。如半波对称振子的方向性函数为

$$F(\theta) = \cos\left(\frac{\pi}{2}\cos\theta\right)\Big/\sin\theta \tag{3-11}$$

式中：θ——电场平面内的方位角。

（5）方向性的参数

方向图能形象和准确地表明天线的方向性，但不够简明，因此实用中又常用一些参数来表明天线的方向性。常用的方向性参数如下。

a. 波瓣宽度

波瓣宽度是方向图中两个半功率点之间的夹角，即场强为最大值 0.707 倍的两点之间

的夹角，用 $\theta_{0.5}$ 表示。从图 3 – 7 可以看出，单元振子在 E 平面中，波瓣宽度 $\theta_{0.5} = 90°$。显然天线的方向性愈强，波瓣宽度愈小。波瓣宽度的数值可以表明天线辐射的功率，主要集中在这个角度的范围内。方向性强的天线的波瓣宽度只有几度。

b. 方向系数

方向系数 D 是表示辐射能量集中程度（即方向图主瓣的尖锐程度）的一个参数，通常以理想的各向同性天线作为比较的标准。所谓理想的各向同性天线是指，在空间各方向的辐射强度都相等的天线，其方向图为一个球体。

方向系数表示：在接收点产生相等电场强度（最大辐射方向上）的条件下，各向同性天线的总辐射功率 $P_{\Sigma 0}$ 比定向天线总辐射功率 P_{Σ} 提高的倍数，即

$$D = P_{\Sigma 0} / P_{\Sigma} \qquad (3 - 12)$$

由上式可见，天线方向性越强，则在最大辐射方向同一接收点要产生相同的场强所需要的总辐射功率就越小，D 就越大。所以，方向系数表明了天线辐射能量的集中程度。单元振子的 $D = 1.5$，半波对称振子的 $D = 1.64$。对米波和分米波天线，D 值为几十到几百；而对厘米波天线，D 值可达到几千、几万甚至几十万。

c. 增益系数

在给定方向（通常指天线主瓣最大辐射方向）上同一接收点产生相等辐射场强条件下，理想的无损耗各向同性天线的总输入功率 P_{A0}（即 $P_{A0} = P_{\Sigma 0}$）与定向天线的总输入功率 P_A 之比，称为天线的增益系数，用 G 表示，并且

$$G = P_{A0} / P_A = P_{\Sigma 0} / P_A \qquad (3 - 13)$$

由于实际的定向天线中有损耗，辐射功率比输入功率小，即 $P_{\Sigma 0} < P_A$，所以同一天线的增益系数小于方向系数。增益系数和方向系数的关系为

$$G = P_{\Sigma 0} / P_A = （P_{\Sigma 0} / P_{\Sigma}）（P_{\Sigma} / P_A）= D\eta_A \qquad (3 - 14)$$

可见，增益系数是方向系数和效率的积。增益系数比方向系数能更全面地反映天线的特性。

接收天线的方向性：如电波传播方向 S 与接收天线的轴线夹角为 θ 时，这时对天线起作用的只是电场 E 中与天线轴线平行的分量 E_1（$E_1 = E\sin\theta$），而与天线轴线垂直的分量 E_2 不能使天线上产生电势和电流。因此天线接收的能量就将减弱。所以当电波的场强一定而传来的方向不同时，天线的接收能力也将不同，这就是说接收天线也具有方向性。

考虑到上述原因，天线接收的方向性与单元振子的方向性相同（与天线轴线的平行分量 $E_1 = E\sin\theta$，所以接收场强与方向角 θ 的关系和单元振子辐射场的关系一样）。还应该考虑到半波对称振子可以看成很多单元振子组成，当电波来向与振子轴线的夹角 $\theta = 90°$ 时，各单元振子接收电波的相位相同，当 θ 偏离 $90°$ 后，各单元振子由于传来电波到达的先后不同，接收电波的相位也不同，整个半波对称振子接收电波是各单元振子接收电波的矢量和。由此可见，半波对称振子接收的方向性与发射的方向性是一样的。

（6）天线的互易性

天线的接收与发射具有共同的特性称为天线的互易性。同一天线既可以用来辐射电磁波，又可以用来接收电磁波；并且理论和实践证明，无论是用作辐射或接收，天线的各种参数，如效率、方向性、输入阻抗等，均保持不变，这就是天线的互易性。任何天线都具

有这种互易性。根据这一特性，对于任何具体天线来说，研究了它在辐射时的性能，则其在接收时的性能也就是已知的了。

（7）接收天线的等效电路及有效面积

a. 等效电路

根据天线的互易性，可以画出接收天线的等效电路如图 3 – 9 所示。对接收机来说，可将接收天线看成是一个等效电源，此电源的电动势为 ε、内阻抗为 Z_A，接收机对天线来说是负载，Z_L 为接收机在 AB 两点对天线所呈现的阻抗。等效电动势 ε 就是天线在电波的电场作用下，天线上输出的感应电动势，它的大小与平行于天线轴线的电场强度和天线振子的长度有关。因为天线接收和发射时具有同样的输入阻抗，所以等效电路中内阻抗 $Z_A = Z_{in}$，即等于发射时天线的输入阻抗。

为了使接收天线输给接收机最大的功率，就应该使接收天线与负载匹配。若接收天线直接与接收机相连，则天线的输入阻抗应与接收机的阻抗匹配，若接收天线由馈线接到接收机，则天线的输入阻抗应与馈线的特性阻抗匹配，接收机的阻抗也应与馈线的特性阻抗匹配。

b. 天线的有效面积

我们知道，发射天线是向四面八方辐射电磁波的，根据互易原理可知，接收天线也能接收来自四周空间的电磁波。这就是说：接收天线不但能够接收直接穿过这个天线的电磁波（如图 3 – 10 中正对天线的射线 C），而且还能接收离开天线某些距离的电磁波（如图 3 – 10 中其他射线 A、B、D、E）。根据这一特性，常引入天线有效面积的概念，它是一个等效的吸收电磁波能量的平面，当它垂直放在电磁波传播方向上时，分配在这个平面上的功率数值等于天线传送到接收机的功率。因此，有效面积 A 就是接收天线的输出功率 W 与垂直入射的平面波的功率密度 P 之比，即

$$A = W/P \tag{3 – 15}$$

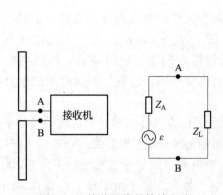

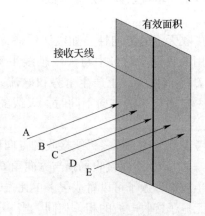

图 3 – 9　接收天线的等效电路　　　　图 3 – 10　接收天线的有效面积

根据计算证明，天线有效面积与天线增益系数 G 有以下关系

$$A = (\lambda^2/4\pi) \, G \tag{3 – 16}$$

可见，有效面积与天线的增益系数成正比。因为天线的增益系数愈大，则天线方向性愈强，因此，天线接收正方向来的电磁波的能力增强了，天线输出功率必增大，所以有效面积 A 也随之增大。

对于半波对称天线，根据其增益系数 G 可算出它的有效面积为 $\lambda^2/8$，这面积相当于长 $\lambda/2$ 和宽 $\lambda/4$ 的长方形的面积。显然，其有效面积将大于实际天线所具有的面积。对于抛物面天线，有效面积一般为其实际面积的 50% ~ 60% 。

3.3　常用天线

3.3.1　喇叭天线

喇叭天线是一种宽频带特性较好的定向天线。结构简单而牢固，损耗小，它在飞机雷达、电子对抗和超高频测量中都有应用。

（1）喇叭天线的结构

喇叭天线是由一段均匀波导和另一段截面逐渐增大的渐变波导构成的，其形状主要有扇形、角锥形和圆锥形等三种，如图 3 – 11 所示。

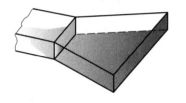　　

（a）扇形喇叭天线　　　　　　　　（b）角锥形喇叭天线　　　　　　　（c）圆锥形喇叭天线

图 3 – 11　几种喇叭天线结构

喇叭天线可以用同轴线馈电，也可以用波导直接馈电。

（2）喇叭天线的基本工作原理

为了说清喇叭天线的基本工作原理，还得先从波导口辐射电磁波谈起。

a. 波导口天线的辐射

在厘米波波段中，常用波导管来传输电磁能，如果波导的末端没有封闭，那么，电磁波就从波导管开口的一端向空间辐射，利用这种特性，就可做成天线。这种天线称为波导口天线，它与振子式天线不同，整个波导口平面都辐射电磁波，因此，又称为面形天线。

波导口辐射电磁波可用惠更斯原理来说明。惠更斯原理指出：在波的传播过程中，波面上各点可以看成波的新波源（或二次辐射源），这些新波源又产生向四面八方传播的波，在空间传播的波就将是这些波的合成。

设有一开口波导，传播的是 TE_{10} 型波，如图 3 – 12 所示。我们可以把波导开口平面内的同相场强，看成是由许多同相馈电的单元辐射体所产生的，如图 3 – 13 所示。这样，空间辐射场就是这些单元辐射体所产生的辐射场的矢量合成。

b. 喇叭天线的方向性

在 xy 平面内沿 x 轴的方向上，各单元辐射体的电波行程相等，所以合成电场最大；偏离 x

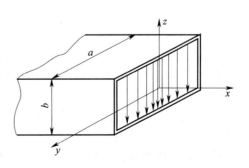

图 3 – 12　开口波导

轴方向时，各单元辐射体的电波由于存在着行程差，所以合成电场将减小；当行程差所引起的相位差，恰好使各单元辐射体的电波在某些方向上互相抵消时，则在这些方向上的合成场强为零。由此可知，在 xy 平面将形成一定的波瓣，如图 3 – 14 所示。图中正中央的波瓣称为主瓣，其他的波瓣称为旁瓣（副瓣）。图中出现边波瓣，是由于在这些方向上各单元辐射体的电波并不互相抵消的缘故。

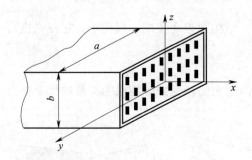

图 3 – 13　波面等效为单元辐射体

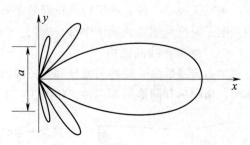

图 3 – 14　开口波导在 xy 平面内的方向图

从图中可以看出，随着偏离 x 轴方向角度的增大，合成场强逐渐减小，其减小的速度与波导宽边 a 的大小有关。当波导宽边 a 增大时，合成场强减小的速度快，就是说只要稍微偏离 x 轴的方向，就可使合成场强为零。这是因为当 a 增大时，方向改变所引起的行程差增大（见图 3 – 15）。因此，当波导宽边 a 增大时，可使主波瓣变窄，方向性增强。但同时副瓣也会增多一些。

同理，在 xz 平面内的方向图也具有多波瓣，并且增大波导窄边 b 时，其主波瓣变窄，边波瓣也增多。

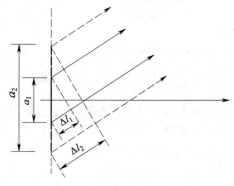

图 3 – 15　波导口尺寸 a 增大引起路程差增大

综上所述，改变波导宽边 a 的尺寸，就能改变 xy 平面内的方向图，而改变波导窄边 b 的尺寸，就能改变 xz 平面内的方向图。因此，逐渐增大波导的口径，从而形成各种喇叭天线，就能增强辐射的方向性。

但是增设喇叭口以后，由于从喇叭颈部到喇叭开口面上的各点距离是不同的，在扇形喇叭天线中波面将由平面波变为柱面波，而在角锥形和圆锥形喇叭天线中波面将由平面波变为球面波。这样，在喇叭开口面上的电波不再是同相位面了，会使天线的主瓣变宽，方向性变弱。为了减小这种不利的影响，应减小喇叭的张角，但张角减小时喇叭的口径将随之减小，也会使天线的方向性变弱。因此，在减小张角的同时，应该加长喇叭的长度。所以，要使喇叭天线具有需要的方向性，必须综合考虑喇叭的开口面和喇叭的长度。

喇叭天线不包含有谐振元件，因而工作频带宽，结构简单而牢固，但要获得较好的方向性必须有较大的几何尺寸。

由上面分析可见，一般的喇叭天线，不管是矩形的或圆锥形的，它们在电场平面和磁场平面的方向图，其波瓣宽度是不相等的，用这种喇叭口来作抛物面天线的辐射器，许多电性能做不到预期的指标。这种方向图宽度不等的原因主要是口径面上电磁场分布不均匀引起的。为了改善口径面上电磁场的分布，可以采用改变喇叭壁上的边界条件的办法，目前在卫星通信、电子对抗设备中广泛应用的一种叫波纹喇叭。

波纹喇叭是采用槽深为 $\lambda/4$ 的极薄的齿牙构成的波纹表面，作为喇叭口的内壁，其结构示意图如图 3 – 16 所示。为了改善光壁波导与波纹喇叭间的匹配状况，可在光壁波导与波纹波导之间采用槽深从 0 到 $\lambda/4$ 的渐变段。

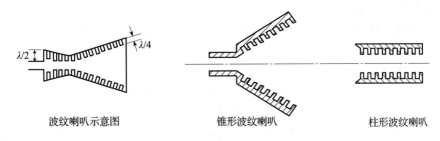

| 波纹喇叭示意图 | 锥形波纹喇叭 | 柱形波纹喇叭 |

图 3 – 16　波纹喇叭结构示意图

采用波纹结构的喇叭口，可以使电场、磁场在喇叭内壁具有相同的边界条件，从而在喇叭口面上得到相同的电场、磁场分布，使它在电场平面、磁场平面内方向性相同，具有相同的波瓣宽度，并能使副波瓣相应减小。

但是和普通喇叭比较，波纹喇叭的加工比较困难，口径也比较大，对于应用带来了一定限制。

3.3.2　抛物面天线

抛物面天线是一种具有窄波瓣和高增益的微波天线。它在分米波波段中，特别是在厘米波波段中应用极为广泛。

（1）抛物面天线的结构

抛物面天线主要由辐射器和抛物面反射体（简称抛物面）两部分组成。辐射器用以向抛物面辐射电磁波。抛物面则使电磁波聚集成束，集中地射向空间某一个方向。

常用的抛物面有旋转抛物面（见图 3 – 17（a）），和由旋转抛物面截割而成的矩形截面抛物面（见图 3 – 17（b）），有时也采用柱形抛物面（见图 3 – 17（c））。

（2）抛物面的基本特性

旋转抛物面是以抛物线围绕其轴线旋转一周而形成的曲面，所以抛物面的基本特性是以抛物线的几何性质为基础的。

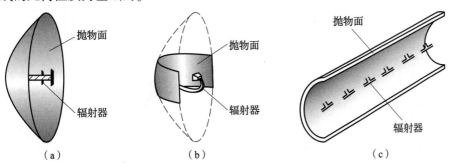

（a）　　　　　　　　　（b）　　　　　　　　　（c）

图 3 – 17　几种抛物面天线的形状

由几何定理知道，抛物线是指，与一定点 F 和一定直线 PQ 等距离的点的轨迹，如图 3 – 18 所示。定点 F 称为抛物线的焦点，定直线 PQ 称为抛物线的准线，动点为 A（或 B），线段 $AF = AM$，$BF = BN$，通过焦点 F 垂直于准线 PQ 的直线 ZZ' 称为抛物线的焦轴，焦轴与抛物线的交点 O，称为抛物线的顶点。

抛物线有下列几何特性：

第一，抛物线上任意一点（如 A 点）的法线，把由焦点到该点的射线（如 FA）和经该点平行于抛物线焦轴的射线（如 AC）之间的夹角平分为两半，即 $\theta_1 = \theta_2$。

因此，由焦点所发出的电磁波，经抛物面反射后，其传播方向彼此平行且平行于焦轴。

第二，从焦点 F 到抛物线上任意一点，又从此点到达与抛物线焦轴相垂直的线段 CD，其距离之和是恒定的，例如，$FA + AC = FB + BD$，因此，从焦点所发出的电磁波，经抛物面反射后，到达抛物面口的平面时，相位相同。

应用抛物面的几何特性，如果在旋转抛物面天线的焦点上放置一个辐射器，辐射器向抛物面发出的虽是球面波，但经抛物面反射后，在口径面上可以获得传播方向彼此平行、相位相同的平面波束。可以设想，口径面就是一个辐射面，因此抛物面天线也是一种面形天线。

（3）抛物面天线的方向性及影响方向性的因素

由于抛物面天线也是面形天线，它更易获得窄波瓣的方向图。其分析方法与前（喇叭天线方向性的分析）相同，这里不再重复。

根据抛物面的基本特性可知，只要当辐射源在焦点并且是一个点波源向抛物面辐射时，就可以得到理想的方向图。但是，实际上还需要作具体的分析。

a．辐射源的直接辐射对方向性的影响

如果置于焦点上的辐射源，它除了向抛物面辐射外，还向开口面直接辐射，如图 3 – 19 所示。这样，开口面的同相位面和平面波受到了破坏，就会增大抛物面天线的波瓣宽度，并增加了若干副瓣。

为了消除这类不良现象，应采用单向辐射源。常用的单向辐射源有喇叭式和振子式等，振子式单向辐射源如图 3 – 20 所示，振子式单向辐射源是依靠反射器的作用来实现的。

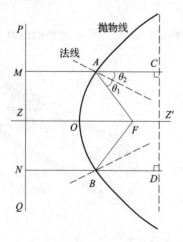

图 3 – 18　抛物线的几何特性

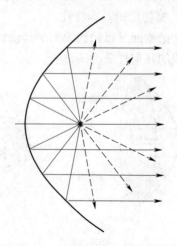

图 3 – 19　直接辐射对方向性的影响

b. 辐射源的方向性对抛物面天线方向图的影响

图 3－20 所示的辐射源，由于辐射体是半波对称振子，其电场平面内的辐射场是有方向性的，但是磁场平面内却是均匀的。所以，振子的辐射场经抛物面反射后，在开口面处电场平面上的场强分布是不均匀的，即场强在中心处强而在边缘处弱，如图 3－21 中实线所示，这种情况相当于场强作均匀分布时，则有效口径尺寸减小了；而在开口面的磁场平面上的场强分布却是均匀的，如图 3－21 中虚线所示，相当于抛物面的有效口径尺寸并未减小。因此，抛物面天线的主波瓣，在电场平面的宽度将略大于在磁场平面的宽度。其主波束的立体图形如图 3－22 所示，这种波束通常称为针状波束。它在电场平面和磁场平面的波瓣宽度可分别按下式近似地求出

$$\theta_E \approx (80\lambda/d)° \tag{3-17a}$$
$$\theta_H \approx (72\lambda/d)° \tag{3-17b}$$

式中：d——抛物面开口面的直径；
λ——电波的波长。

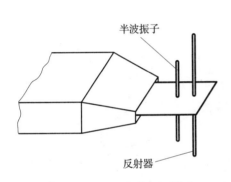

图 3－20　振子式单向辐射源

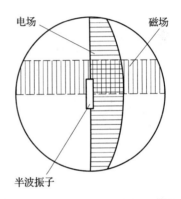

图 3－21　抛物面开口面上的场强分布情况

c. 辐射源的位置对抛物面天线方向性的影响

通常，辐射源的位置都和抛物面反射器的焦点相重合。如果辐射源的位置和焦点不重合，将会出现如下情况。

首先，我们讨论辐射源纵向偏移时，即辐射源沿抛物面轴线离开焦点时的情形，如图 3－23 所示。当辐射源位于焦点 F 时，射线经抛物面反射器反射后，都平行于抛物面的

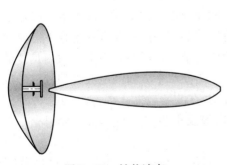

图 3－22　针状波束

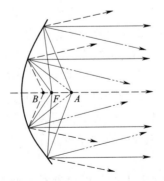

图 3－23　辐射源纵向偏离焦点时对
抛物面天线方向性的影响

轴线。当辐射源由焦点偏移到 B 点时，射线在抛物面上每一点的入射角都大于辐射源位于焦点时的入射角，因此，射线经抛物面反射器反射后是呈发散状的，由于波前与射线相垂直，所以，此时的波前是向外弯曲的。当辐射源由焦点向 A 点偏移时，入射角减小，射线经反射后向抛物面的轴线方向倾斜，此时的波前是向内弯曲的。

显然，辐射源纵向偏移时，波前由平面波变为向外弯曲或向内弯曲，但不改变波前对抛物面轴线的对称性，因此，形成的波束图仍与轴线对称，只是波束变宽，方向性变差。

其次，我们讨论辐射源横向偏移时的情形，如图 3-24 所示。当辐射源在焦点 F 时，射线 1 和 2（用虚线表示）到达开口面时的路程相同，因此，开口面就是它们的波前。当辐射源横向（向上）偏移到 F' 点时，射线 1' 和 2' 经抛物面反射后，到达开口面所经的路程不同，因而其波前已不再在开口面上，只有在图（a）所示的新波前上，射线 1' 和 2' 所经的路程才相同，因此，在该面上相位相同，但波前却倾斜了一个角度。显然，此时抛物面天线的最大辐射方向不再与抛物面轴线相一致，而有一个向下倾斜的夹角 α，如图 3-24（b）所示。

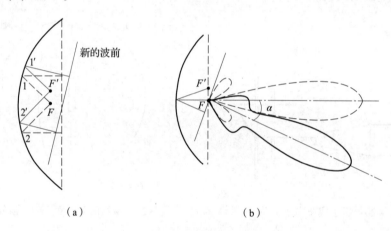

（a）　　　　　　　　　　（b）

图 3-24　辐射源横向偏移时的波面和波束

由上可见，辐射源从抛物面的焦点作横向（向上或向下）偏移时，则天线的主瓣将向相反的方向（向下或向上）偏转一个角度。

d. 抛物面的大小和形状对抛物面天线方向性的影响

当辐射源一定时，抛物面天线的方向性与抛物面口径 d/λ 的大小有关。口径 d/λ 愈大时，则波瓣宽度愈窄，通常，为了获得窄的波瓣，抛物面天线的口径 d/λ 都在 10 以上。

但是，由于雷达的用途不同，对波瓣形状的要求也往往不同。波瓣形状决定于抛物面的形状。使用旋转抛物面时，可以使天线具有针状的方向图；在有些场合下需要使天线具有扇形的方向图，即天线的方向图在一个平面内是窄的，而在另一个平面内是宽的，就常使用截割式旋转抛物面。比如矩形截面抛物面，它使水平方向的电波受到较多的反射，垂直方向的电波反射较少，所以水平波瓣很窄，垂直波瓣较宽；橘瓣形的抛物面，它使垂直方向的电波受到较多的反射，水平方向的电波反射较少，故垂直波瓣很窄，水平波瓣较宽。

机载雷达从早期的简易对空搜索测距功能演化到现在不仅要兼顾大区域范围内的搜索、跟踪以及火控制导甚至还要战场监视、SAR 成像等，实现多功能。一般而言，机载雷达要求天线具有高增益（便于增加探测距离）、窄波束（利于增加测角精度）、低副瓣（抗干扰）等特点。而实现高增益、窄波束，最简单的就是使用定向天线，比如抛物面（单反射面）天线。因此冷战后早期的机载雷达普遍采用抛物面天线的形式。

抛物面天线在 X 波段及以下加工并不困难，结构简单，成本也不高。但是缺点也很明显，由于通常抛物面天线在焦径比比较高时，易实现高性能，因而天线的整体剖面较高，体积较大。特别是当天线整体旋转扫描时，会大大占用机头空间，因此其扫描角度也较为受限。为了解决这些困难，一种名为"卡塞格伦"（Cassegrain）形式的双反射面应运而生。

卡塞格伦天线是一种在单反射面天线形式上改进而来的天线。相比单反射面天线，增加的副反射面可以初步优化喇叭发射出来的电磁波，并使之呈一个更为理想的分布，反射回主反射面，主反射面再将该整形后的球面波变成平面波，并使之辐射到自由空间中去。这样的优点是能提高天线口径效率，提高增益，大大降低了焦径比，降低天线整体的剖面，减小体积。接收机和馈线也变为主面之后，更利于系统的走线布置并降低系统噪声。但副反射面的引入也会带来对主面遮挡增加的问题，这会反过来降低天线整体的增益和抬高副瓣电平。

为了解决副反射面遮挡的问题，一种称为倒置卡塞格伦天线被提出来并广泛应用在机载雷达中。倒置卡塞格伦，也被称为变形卡塞格伦天线。它在卡塞格伦天线的基础上，将副反射面位置变为极化栅格抛物面，主面位置变为极化扭转板。其工作原理与卡塞格伦天线有较大区别：位于极化扭转板处的喇叭馈源，发出的水平线极化电磁波被前方的极化栅格几乎全反射回来，并将该球面波变为平面波，打在后面的极化扭转板上，将水平极化波"扭转"为垂直线极化电磁波，从前方的极化栅格中透射出去，辐射到自由空间中。简而言之，倒置卡塞格伦馈源发出的波束虽然也经过两次反射，但是不同于普通卡塞格伦天线，它中间有个极化扭转的过程。位于天线前方的极化栅格只对水平极化电磁波有遮挡，对垂直线极化波几乎无影响。为了有效抑制地面杂波，机载雷达天线多为垂直线极化天线。它通过适当旋转极化扭转板来实现波束扫描。因此，倒置卡塞格伦天线解决了副反射面遮挡的问题，而且还能把馈源和极化栅格稍微偏置，进一步降低了整体天线的剖面。因其特有的优势，倒置卡塞格伦天线在二代机中很受欢迎。

尽管如此，利用反射面形式来工作的天线，虽然加工上要求并不算高，成本也能接受。但随着机载雷达性能的提升，对天线部分也提出了新的要求，比如更大的扫描角度，更低的副瓣以及实现赋形波束。倒置卡塞格伦天线中存在的固有缺陷包括始终会有能量溢漏，扫描时波束的畸变也较为严重（主瓣增益下降，主波束变宽，副瓣抬升），并且始终存在天线重量较大的问题。因此，新一代飞机就需要更为先进的天线技术。

3.3.3 平板缝隙阵天线

缝隙阵天线（又称缝隙天线、裂缝（阵）天线或开槽天线）是一种厘米波天线。这种天线结构简单、外形平整（没有凸出部分），很适合于高速飞机和导弹上应用。

（1）缝隙天线的结构

在波导（或谐振腔和同轴线）上开一个或几个缝隙，用以辐射或接收电磁波的天线，称为缝隙天线。其结构如图 3-25 所示。电磁能由同轴线经探针激励送入波导，在波导中以 TE_{10} 波传播时，波导壁上有电流流动。缝隙截断壁上有电流时，在缝隙上就形成位移电流，它就能向空间辐射电磁波。

（2）缝隙天线的基本工作原理

缝隙天线的基本工作原理可以将缝隙天线与振子天线进行对比来阐述。将一个放在空间的半波对称振子和开在很大金属平板上的长度为 $\lambda/2$ 的缝隙，对它们都在中间馈电，如图 3−26（a）、图 3−27（a）所示。半波对称振子馈电后，线上电压、电流的分布，如图 3−26（a）所示；而缝隙的输入端，对中间的电源来说，可以看成是 $\lambda/4$ 的短路线，所以在缝隙中也产生驻波，驻波电压的振幅分布是两末端为零、中间最大，驻波电流的振幅分布是两末端最大、中间最小（因为有辐射，节点振幅不等于零）。电压、电流的振幅分布与半波对称振子的刚好相反，如图 3−26（a）、图 3−27（a）中的实线与虚线所示。

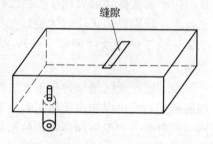

图 3−25　波导缝隙

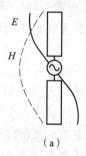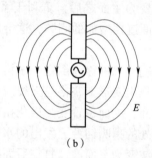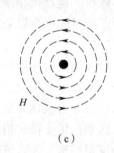

　　　（a）　　　　　　　　　（b）　　　　　　　　（c）

图 3−26　半波对称振子

缝隙在交变电源的激励下形成的电磁场如图 3−27（b）和（c）所示。由于交变磁场不能穿透金属面，缝隙天线上驻波电流所产生的磁场与实际平行线周围的磁场不同，它不能像平行线那样围绕着导线闭合成环，而只能穿过缝隙，在缝隙两侧构成闭合回线，如图 3−27（b）所示（也可以这样来理解，缝隙中间的交变电场就是位移电流，交变磁场围绕位移电流形成闭合环）。因为缝隙上的电流两末端最大，所以磁场也是两末端最强。缝隙上的驻波电压在缝隙中形成电场，因为交变电场在金属表面只有垂直分量，所以在缝隙周围的电力线，如图 3−27（c）所示，其电场为中间最强、两端最弱。对比缝隙天线的电磁场和振子天线的电磁场，可以看出：缝隙天线的磁场分布与振子的电场分布相似，缝隙天线的电场分布与振子的磁场分布相似。由此可以确定，半波缝隙天线和半波振子是可以等效的，只要把它们的电磁场互换位置即可。这一原理称为双重性原理。所以缝隙和振子一样可以辐射和接收电磁波，但是它的极化方向较振子的相差 90°，即缝隙天线辐射的是水平极化波，振子天线辐射的是垂直极化波。

（3）缝隙天线的方向图

根据双重性原理，缝隙天线可以与振子天线相等效，所以半波缝隙天线的方向性也可以与半波对称振子的方向性相等效，不同的只是缝隙天线磁场平面的方向图与振子天线电场平面的方向图相同，缝隙天线电场平面的方向图与振子天线磁场平面的方向图相同，图 3−28（a）为理想半波缝隙天线的立体方向图。由于实际上缝隙并不是开设在极大的金属板上，而是开设在波导管壁或谐振腔壁上，且缝隙只向空间一方有辐射，所以方向图与理想的有所不同，如图 3-28（b）和（c）中的实线所示。从图中可以看出，磁场平面的波瓣宽度要比理想的稍窄一些，而电场平面还有一定的方向性。

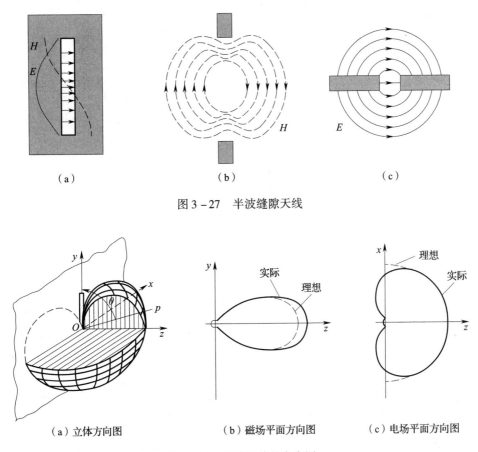

图 3-27　半波缝隙天线

（a）立体方向图　　　　（b）磁场平面方向图　　　　（c）电场平面方向图

图 3-28　缝隙天线的方向图

（4）缝隙天线的激励

缝隙天线的激励，通常是在波导、谐振腔或同轴线上开槽来获得的。缝槽的开设，必须切断管壁电流，才能产生电磁波的辐射。

当波导内有 TE_{10} 波传播时，在波导壁上有横向电流和纵向电流流动，如图 3-29 所示。没有开设缝槽时，电流只在壁内流动，当在管壁上开设缝槽时，还要视其位置是否恰当，如果缝槽垂直于最大管壁电流密度的方向（见图 3-29 的 1 槽），切断电流最大，缝槽辐射最强；如果缝槽与管壁电流方向相切（见图 3-29 的 2 槽），则缝槽不切断管壁电流，不能产生辐射；如果缝槽在图 3-29 的 3、4 位置，缝槽能够切断管壁电流，但管壁电流密度在该处不为最大，故缝槽具有中等辐射强度。

和单个半波振子一样，单缝隙天线的方向性也是不强的，为了增强方向性，可采用多缝槽组成的天线阵，如图 3-30 所示，这样开槽，槽缝所截断的管壁电流其方向是相同的，相当于同相馈电的天线阵，因而主波瓣变窄，方向性增强。

采用多缝槽组成的天线阵，可以构成高增益、低副瓣的平面天线，如图 3-31 所示的平板裂缝天线阵面上共有 700 个左右的纵向辐射缝。这种形式的天线可以得到较好的口径分布控制，得到较低的副瓣电平，有较高的口径利用系数和较高的增益，并且结构形式紧凑，重量也很轻。

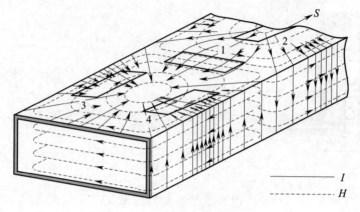

图 3-29　波导壁上电流分布图

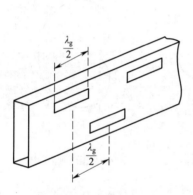

图 3-30　多缝槽的开设

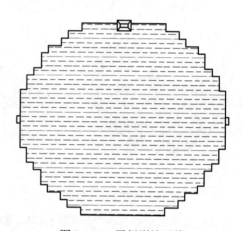

图 3-31　平板裂缝天线

缝槽宽度可根据绝缘强度来决定，为避免击穿，缝槽中心的最大电压（U_{max}）应比击穿电压（U_B）小 3~4 倍。即

$$U_{max} = U_B / (3\sim4) = E_B d / (3\sim4) \tag{3-18}$$

则缝槽宽度 d 与 U_{max}、E_B 的关系为

$$d = (3\sim4)\, U_{max}/E_B \tag{3-19}$$

平板裂缝天线克服了抛物面天线的弊病，满足了新一代飞机机载雷达高增益窄波束低副瓣的要求，形式上稍微复杂，但性能更优秀。

比如 F-15 飞机上装备的 APG-63 雷达使用的平板缝隙天线，其外围突出的是 IFF 振子天线。如图 3-32 所示。

APG-63 就是在常见的微波传输结构波导表面开缝，让小缝隙成为一个天线，将电磁波辐射出去。具有利于和馈电结构匹配的优点，且功率容量较大。机载雷达天线的波导缝隙看起来就像开在平板上的一样，所以有时也称为平板缝隙阵，它属于阵列天线的一种。利用波导进行馈电和辐射的结构，利于做天线匹配，功率容量大是其显著优点。但是天线

图 3 - 32　APG - 63 雷达平板缝隙天线

带宽往往会受到限制，而且重量难以控制。因此在后续雷达设计中相控阵天线技术应用在新一代机载雷达系统中。

3.3.4　相控阵天线

在雷达设备中，为了完成对目标的搜索、定位和跟踪的任务，常常需要使天线波束相对于机体或地面作方位、俯仰上的转动（称为扫描）。凡能使辐射的波束扫描的天线统称为扫描天线。扫描天线可分为机械扫描和电子扫描两类。

机械扫描天线：整个天线作旋转或俯仰转动，使波束作相应的转动。这种扫描方式的优点是扫描过程中辐射波束的形状不变。缺点是机械惯性大，要进行快速扫描相当困难。

电子扫描天线：这种天线是通过电磁学方法改变天线阵之间的相位关系而使波束扫描的。电子扫描具有扫描速度快，可灵活控制波束，并能对多个目标同时进行搜索、跟踪等优点。其缺点是结构复杂、造价高。

相控阵天线属于阵列天线的一种。

（1）阵列天线的概念

阵列天线和引向天线相似，也是利用多个振子改善方向性的一种天线。它由多个同相馈电的振子和金属反射网组成，矩形阵列振子天线的结构如图 3 - 33 所示。各个半波振子皆水平放置，利用 $\lambda/4$ 的金属绝缘支架固定在反射网上，左右按相等的间隔排成"行"（横向排行），上下按相等的距离排成"列"（纵向排列），组成矩形的天线阵，各振子组成的平面称"阵面"。金属反射网安装在天线阵的背后，与天线阵平行。使用多振子组成天线阵的目的，是为了加强天线的定向性，使用反射网则是为了消除背向辐射。

（2）相控阵天线扫描原理

相控阵天线是由若干个（几百到几千个）辐射单元排成阵列组成，与阵列天线相似，所不同的是各天线单元的馈电相位不同。相位扫描天线中各天线单元都分别接有移相器，利用

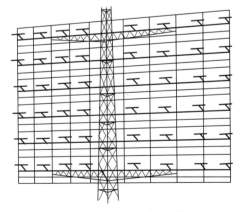

图 3 - 33　矩形阵列天线

电子计算机来控制天线阵的各移相器，从而改变阵面上的相位分布，促使波束在空间按一定规则扫描，因此也称相控阵天线。

图 3–34 所示为由 N 个阵元组成的一维直线移相器天线阵，阵元间距为 d，为简化分析，先假定每个阵元为无方向性的点辐射源，所有阵元的馈线输入端为等幅同相馈电，各移相器的相移量分别为 0，φ，2φ，$\cdots$，$(N-1)\varphi$，即相邻阵元激励电流之间的相位差为 φ。

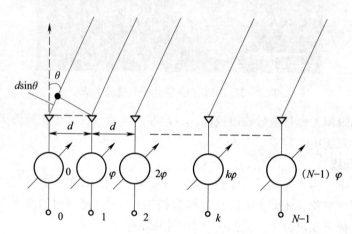

图 3–34　带移相器的天线阵

现在考虑偏离法线 θ 方向，远区某点的场强，它应为各阵元在该点的辐射场的矢量和

$$E(\theta) = E_0 + E_1 + \cdots + E_i + \cdots + E_{N-1} = \sum_{k=0}^{N-1} E_k$$

由于采用了等幅馈电，忽略各阵元到该点距离上的微小差别对振幅的影响，可认为各阵元在该点辐射场的振辐相等，用 E 表示 E。

若以零号阵元辐射场 E_0 的相位为基准，则

$$E(\theta) = E \sum_{k=0}^{N-1} \mathrm{e}^{jk(\psi-\varphi)} \qquad (3-20)$$

式中，$\psi = \dfrac{2\pi}{\lambda} d\sin\theta$，为由于波程差引起的相邻阵元辐射场的相位差；$\varphi$ 为相邻阵元激励电流相位差；$k\psi$ 为由波程差引起的 E_k 对 E_0 的相位超前；$k\psi$ 为由激励电流相位差引起的 E_k 对 E_0 的相位滞后。

任一阵元辐射场与前一阵元辐射场之间的相位差为 $\psi-\varphi_0$。按等比级数求和并运用欧拉公式，上式化简为

$$E(\theta) = E \frac{\sin\left[\dfrac{N}{2}(\psi-\varphi)\right]}{\sin\left[\dfrac{1}{2}(\psi-\varphi)\right]} \mathrm{e}^{j\left[\frac{N-1}{2}(\psi-\varphi)\right]} \qquad (3-21)$$

由式容易看出，当 $\varphi=\psi$ 时，各分量同相相加，场强幅值最大，显然

$$|E(\theta)|_{\max} = NE$$

故归一化方向性数为

$$F(\theta) = \frac{|E(\theta)|}{|E(\theta)|_{max}} = \left| \frac{1}{N} \frac{\sin\left(\frac{N}{2}(\psi-\varphi)\right)}{\sin\left(\frac{1}{2}(\psi-\varphi)\right)} \right| = \left| \frac{1}{N} \frac{\sin\left(\frac{N}{2}\left(\frac{2\pi}{\lambda}d\sin\theta-\varphi\right)\right)}{\sin\left(\frac{1}{2}\left(\frac{2\pi}{\lambda}d\sin\theta-\varphi\right)\right)} \right| \quad (3-22)$$

$\varphi=0$ 时，也就是各阵元等幅同相馈电时，由上式可知，当 $\theta=0$，$F(\theta)=1$，即方向图极大值在阵列法线方向。若 $\varphi\neq0$，则方向图极大值方向（波束指向）就要偏移，偏移角 θ_0 由移相器的相移 φ 决定，其关系式为：$\theta=\theta_0$ 时，应有 $F(\theta_0)=1$，由式（3-22）可知应满足

$$\varphi=\psi=\frac{2\pi}{\lambda}d\sin\theta_0 \quad (3-23)$$

式（3-23）表明，在 θ_0 方向，各阵元的辐射场之间，由于波程差引起的相位差正好与移相器引入的相位差相抵消，导致各分量同相相加获最大值。显然，改变 φ 值，为满足式（3-23），就可改变波束指向角 θ_0，从而形成波束扫描。

根据天线收发互易原理，上述天线用于接收时，以上结论仍然成立。

（3）栅瓣问题

现在将 φ 与波束指向 θ_0 之间的关系式 $\varphi=\frac{2\pi}{\lambda}d\sin\theta_0$ 代入式（3-22），得

$$F(\theta) = \left| \frac{1}{N} \frac{\sin\left(\frac{\pi Nd}{\lambda}(\sin\theta-\sin\theta_0)\right)}{\sin\left(\frac{\pi d}{\lambda}(\sin\theta-\sin\theta_0)\right)} \right| \quad (3-24)$$

可以看出，当（$\pi Nd/\lambda$）（$\sin\theta-\sin\theta_0$）$=0$，$\pm\pi$，$\pm2\pi$，…，$\pm n\pi$（n 为整数）时，分子为零，若分母不为零，则有 $F(\theta)=0$。

而当（$\pi d/\lambda$）（$\sin\theta-\sin\theta_0$）$=0$，$\pm\pi$，$\pm2\pi$，…，$\pm n\pi$（n 为整数）时，上式分子、分母同为0，由洛比达法则得 $F(\theta)=1$，由此可知 $F(\theta)$ 为多瓣状，如图3-35所示。

式中，（$\pi d/\lambda$）（$\sin\theta-\sin\theta_0$）$=0$，即 $\theta=\theta_0$ 时称为主瓣，其余称为栅瓣。出现栅瓣将会产生测角多值性。由图3-35可以看出，为避免出现栅瓣，只要保证下式成立即可

$$\left| \frac{\pi d}{\lambda}(\sin\theta-\sin\theta_0) \right| < \pi \quad (3-25)$$

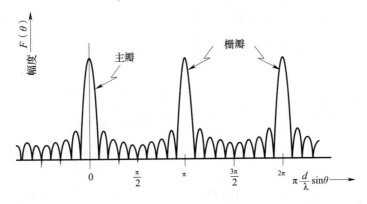

图3-35 方向图出现栅瓣

即 $d/\lambda < \dfrac{2}{|\sin\theta - \sin\theta_0|}$。

因 $|\sin\theta - \sin\theta_0| \leqslant 1 + |\sin\theta_0|$，故不出现栅瓣的条件可取为

$$\frac{d}{\lambda} < \frac{1}{1 + |\sin\theta_0|} \qquad (3-26)$$

当波长 λ 取定以后，只要调整阵元间距 d 以满足上式，便不会出现栅瓣。

如要在 $-90° < \theta_0 < +90°$ 扫描，则 $d/\lambda < 1/2$。

但通过下面的讨论可看出，当 θ_0 增大时，波束宽度也要增大，故波束扫描范围不易取得过大，一般取 $|\theta_0| \leqslant 60°$ 或 $|\theta_0| \leqslant 45°$。此时分别是 $d/\lambda < 0.53$ 或 $d/\lambda < 0.59$。为避免出现栅瓣，通常选取 $d/\lambda \leqslant 1/2$。

（4）相控阵天线的波束宽度

波束指向为天线阵面法线方向时的宽度，这时 $\theta_0 = 0$，为各阵元等幅同相馈电情况。

由式（3-22）可得方向性函数为

$$F(\theta) = \left| \frac{1}{N} \frac{\sin\left(\dfrac{N\pi}{\lambda}\sin\theta\right)}{\sin\left(\dfrac{\pi}{\lambda}d\sin\theta\right)} \right| \qquad (3-27)$$

通常波束很窄，$|\theta|$ 较小，$\sin\left(\dfrac{\pi d}{\lambda}\sin\theta\right) \approx (\pi d\lambda\sin\theta)$

上式变为：$F(\theta) \approx \left| \dfrac{\sin\left(\dfrac{N\pi d}{\lambda}\sin\theta\right)}{\dfrac{N\pi d}{\lambda}\sin\theta} \right|$

上式近似为辛克函数，由此可求出波束半功率宽度为

$$\theta_{0.5} \approx \frac{0.886}{Nd}\lambda \ (\text{rad}) \ \approx \frac{50.8}{Nd}\lambda \ (°) \qquad (3-28)$$

式中，Nd 为线阵长度，当 $d = \lambda/2$ 时，$\theta_{0.5} = \dfrac{100}{N}$ （°）。

由式（3-28）可以看出，在 $d = \lambda/2$ 的条件下，若要求 $\theta_{0.5} = 1°$，则所需阵元数 $N = 100$。如果要求水平和垂直面内的波束宽度都为 $1°$，则需要 100×100 个阵元。

（5）波束扫描对波束宽度和天线增益的影响

天线扫描时，波束偏离法线方向，$\theta_0 \neq 0$ 方向性函数由式（3-24）表示。波束较窄时，$|\theta - \theta_0|$ 较小，$\sin\left(\dfrac{\pi d}{\lambda}(\sin\theta - \sin\theta_0)\right) \approx \dfrac{\pi d}{\lambda}(\sin\theta - \sin\theta_0)$。

式（3-24）可近似为：$F(\theta) \approx \left| \dfrac{\sin\left(\dfrac{N\pi d}{\lambda}(\sin\theta - \sin\theta_0)\right)}{\dfrac{N\pi d}{\lambda}(\sin\theta - \sin\theta_0)} \right| \qquad (3-29)$

可见 $F(\theta)$ 是辛克函数。设在波束半功率点上的 θ 值为 θ_+ 和 θ_-，经推导整理得扫描时的波束宽度 $\theta_{0.5}$ 为

$$\theta_{0.5} = 2(\theta_+ - \theta_0) \approx \frac{0.886\lambda}{Nd\cos\theta_0} \ (\text{rad}) \ = \frac{50.8\lambda}{Nd\cos\theta_0} \ (°) \ = \frac{\theta_{0.5}}{\cos\theta_0} \qquad (3-30)$$

式中，$\theta_{0.5}$ 为波束在法线方向时的半功率宽度；λ 为波长。

上式也可从概念上定性地得出，因为波束总是指向同相馈电阵列天线的法线方向，将同相波前看成同相馈电的直线阵列，有效长度为 $Nd\cos\theta_0$。可见，波束扫描时，随着波束指向 θ_0 的增大，$\theta_{0.5}$ 要展宽，θ_0 越大，波束变得越宽。随着 θ_0 增大，波束展宽，会使天线增益下降。

总之，在波束扫描时，由于在 θ_0 方向等效天线口径面尺寸等于天线口径面在等相面上的投影（即乘以 $\cos\theta_0$），与法线方向相比，尺寸减小，波束加宽，因而天线增益下降，且随 θ_0 的增大而加剧。所以波束扫描的角范围通常限制在 $\pm60°$ 或 $\pm45°$ 之内。若要搜盖半球，至少要有三个面天线阵。

等间距和等幅馈电的阵列天线副瓣较大（第一副瓣电平为 $-13dB$），为了降低副瓣，可以采用"加权"的办法。一种是振幅加权，使得馈给中间阵元的功率大些，馈给周围阵元的功率小些。另一种称密度加权，即天线阵中心处阵元的数目多些，周围的阵元数少些。

（6）相扫天线的带宽

相扫天线的工作频带取决于馈源设计和天线阵的扫描角度。相扫天线扫描角为 θ_0 时，同相波前距天线相邻阵元的距离不同而产生波程差 $d\sin\theta_0$，如果用改变相邻阵元间时间迟延值的办法获得倾斜波前，则雷达工作频率改变时，不会影响电扫描性能。但相扫天线阵中所需倾斜波前是靠波程差对应的相位差 $\psi=\left(\dfrac{2\pi}{\lambda}\right)d\sin\theta$ 获得的，相位调整是以 2π 的模而变化的，它对应于一个振荡周期的值，而且随着工作频率的改变，波束的指向也会发生变化，这就限制了天线阵的带宽。

当工作频率为 f、波束指向为 θ_0 时，位于离阵参考点第 n 个阵元的移相 ψ 为

$$\psi=\frac{2\pi}{\lambda}nd\sin\theta_0 \qquad (3-31)$$

如果工作频率变化为 Δf，而移相 ψ 不变，则波束指向将变化 $\Delta\theta$。

相扫天线的带宽也可从时域上用孔径充填时间或等效脉冲宽度来表示。当天线扫描角为 θ_0 时，由于存在波程差，将能量填充整个孔径面所需的时间为

$$T=\frac{D}{c}\sin\theta_0 \qquad (3-32)$$

式中，D 为天线孔径尺寸；c 为光速。

能有效通过天线系统的脉冲宽度 τ 应满足：$\tau\geqslant T$。

其对应的频带为 $B=1/\tau$。将孔径尺寸 D 与波束宽度 θ_B 的关系引入，则可得到，当取最小可用脉宽即 $\tau=T$ 时

$$B_a（\%）=\frac{2\theta_B}{\sin\theta_0}（°） \qquad (3-33)$$

扫描角越大，$B_a（\%）$ 越小。当 $90°$ 扫描时可得 $B_a（\%）=2\theta_B（°）$

当脉宽等于孔径充填时间时，将产生 $0.8dB$ 的损失。脉宽增加，则损失减少。

实际运用中，为了在空间获得一个不随频率变化的稳定扫描波束，则需要用迟延线而不是移相器来实现波束扫描，在每一阵元上均用时间迟延网络是不实用的，因为它耗费很大，且损耗及误差也较大。一种明显改善带宽的办法是采用子阵技术。

一般的可以将数个阵元组合为子阵，在子阵之间加入时间迟延单元，天线可视为由子阵组成的阵面。子阵的方向图形成"阵元"因子，它们用移相器控制扫描到指定方向，每个子阵均工作于同一模式，当频率改变时，其波束将有偏移，子阵间的扫描是调节与频率无关的迟延元件。

（7）相控阵天线的移相器技术

相控阵天线属于阵列天线，是由许多辐射单元排列而成的，而每个单元的馈电相位是由计算机灵活控制的阵列。相控阵天线是相控阵雷达的关键组成部分，相控阵天线中的新技术有针移相器、延迟线、T/R 组件、相控阵天线的馈线网络等关键部件。

移相器是实现相扫的关键器件。对它的要求是：移相的数值精确，性能稳定，频带和功率容设足够，便于快速控制，激励功率和插入损耗小，体积小，重量轻等。移相器的种类很多，但主要有半导体二极管（PIN 管）实现的数字移相器和铁氧体器件实现的移相器。随着微电子机械（MEM）技术的发展，MEM 移相器开始研制。

a. PIN 二极管移相器

PIN 二极管移相器用 PIN 二极管为控制元件，它利用了 PIN 二极管在正偏和反偏时的两种不同状态，外接调谐元件 L_T 和 C_T，构成理想的射频开关，如图 3 – 36 所示。

正偏压时，C_T 与引线电感 L_s 发生串联谐振，使射频短路；反偏时，C_i 和 C_T 与 L_T 发生并联谐振而呈现很大的阻抗。这时可把 PIN 二极管看作一个单刀单掷开关。用两个互补偏置的 PIN 二极管可构成单刀双掷射频开关。

利用 PIN 二极管在正偏和反偏状态下具有不同阻抗或开关特性，可构成多种形式的移相器。

图 3 – 37 画出了两种开关线形移相器，其中环行器用来提供匹配的输入和输出。开关在不同位置时，有一个传输路径差 Δl，从而得到一个差相移 $\Delta\varphi = 2\pi\Delta l/\lambda_g$。这种移相器比较简单，但带宽较窄。也可以利用 PIN 二极管正反向偏置时不同的阻抗值做成加载线形移相器，或将 PIN 二极管与定向耦合器结合构成移相器，它们都有较大的工作带宽。

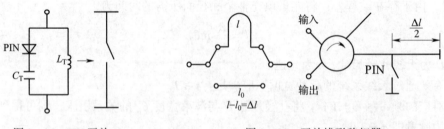

图 3 – 36　PIN 开关　　　　　　　　图 3 – 37　开关线形移相器

PIN 二极管移相器的优点是体积小，重量轻，便于安装在集成固体微波电路中，开关时间短（50ns ~ 2μs），性能几乎不受温度影响，激励功率小（1 ~ 2.5W），目前能承受的峰值功率约为 10kW，平均功率 200W，应用前景广阔。缺点是频带较窄和插入损耗大。

b. 铁氧体移相器

铁氧体移相器的基本原理是利用外加直流磁场改变波导内铁氧体的导磁系数，从而改变电磁波的相速，得到不同的相移量。

图 3 – 38 为一种常用的铁氧体移相器，在矩形波导宽边中央有一条截面为环形的铁氧体环，环中央穿有一根磁化导线。根据铁氧体的磁滞特性，当磁化导线中通过足够大的脉冲电流时，所产生的外加磁场也足够强（它与磁化电流强度成正比），铁氧体磁化达到饱和，脉冲结束后，铁氧体内便会有一个剩磁感应（其强度为 B_r）。当所加脉冲极性改变时，剩磁感应的方向也相应改变（其强度为 $-B_r$）。这两个方向不同的剩磁感应对波导内传输的 TE_{10} 波来说，对应两个不同的导磁系数，也就是两种不同极性的脉冲，在该段铁氧体内对应两个不同的相移量，这对二进制数控很有利。铁氧体产生的总的相移量为这两个相移量之差（称差相移）。只要铁氧体环在每次磁化时都达到饱和，其剩磁感应大小就保持不变，这样，差相移的值便取决于铁氧体环的长度。

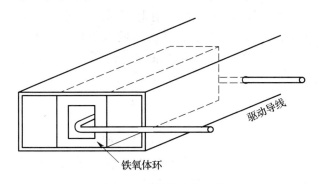

图 3 – 38   铁氧体移相器

这种移相器的特点是：铁氧体环的两个不同数值的导磁系数分别由两个方向相反的剩磁感应来维持，磁化导线中不必加维持电流，因此所需激励功率比其他铁氧体移相器小。铁氧体移相器的主要优点是：承受功率较高，插入损耗较小，带宽较宽。缺点是：所需激励功率比 PIN 二极管移相器大，开关时间比 PIN 二极管移相器长，比较笨重。

为了便于波束控制，通常采用数字式移相器。图 3 – 39 为四位数字式移相器示意图。

如果要构成 n 位数字移相器，可用 n 个相移数值不同的移相器（PIN 二极管或铁氧体）作为子移相器串联而成。

每个子移相器应有相移和不相移两个状态，且前一个的相移量应为后一个的两倍。处在最小位的子相移器的相移量为 $\Delta\varphi = 360°/2^n$，故 n 位数字移相器可得到 2^n 个不同的相移值。数字信号中的一位控制中，"0" 对应于该移相器不移相，"1" 对应为移相，1010，则四位数字移相器产生的相移量为

$$\varphi = 1 \times 180° + 0 \times 90° + 1 \times 45° + 0 \times 22.5° = 22.5°$$

四位数字移相器可从 0° 到 337.5°，每隔 22.5° 取一个值，可取 $2^4 = 16$ 个值。

数字移相器的移相量不是连续可变的，其结果将引起天线阵面激励的量化误差，从而使天线增益降低，均方副瓣电平增加，并产生寄生副瓣，同时还使天线主瓣的指向发生偏移。

相控阵天线满足了新一代飞机对机载雷达战术要求，技术先进，性能优越。采用有源相控阵雷达天线的雷达称为有源相控阵雷达（APAR）。有源相控阵雷达已成为当今相控阵

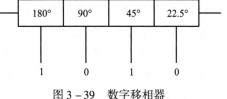

图 3 – 39   数字移相器

雷达发展的一个重要方向。

有源相控阵雷达天线阵面的每一个天线单元通道中均含有有源电路，对收发合一的相控阵雷达天线来说，则是 T/R 组件，每一个 T/R 组件相当于一个常规雷达的高频前端，它既有发射功率放大器，又有低噪声放大器及移相器、波束控制电路等多种功能电路。相控阵天线中的核心器件是收发（T/R）组件，这些 T/R 组件具有很好的重复性、一致性和可靠性。即使天线阵列中的部分 T/R 组件损坏，对雷达性能影响不大。例如，在工作中 10% 的组件失效，天线的增益只降低大约 1dB，对天线方向图和方向系数影响不大。因为所有 T/R 组件都是相同的标准模块，可以方便地实现在线维修更换，因此相控阵雷达具有高可靠性能。

相控阵天线易于实现共形相控阵天线。有利于采用单片微波集成电路（MMIC）和混合微波集成电路（HMIC），可提高相控阵天线的宽带性能，有利于实现频谱共享的多功能天线阵列，为实现综合化电子信息系统（包括雷达、ESM 和通信等）提供可能条件。

采用有源相控阵天线后，有利于与光纤及光电子技术相结合，实现光控相控阵天线和集成度更高的相控阵天线系统。

有源相控阵天线虽然具有许多优点，但在具体的相控阵雷达中是否采用，要从实际需求出发，既要看雷达应完成的任务，也要分析实际条件和采用有源相控阵天线的代价，考虑技术风险及对雷达研制周期和生产成本的影响。

为了让机载雷达获得更快的扫描速度和更强大的性能（比如同时实现搜索、跟踪、火控制导、对地探测等），机载雷达必须采用相控阵天线技术才能实现。相控阵天线在外观上和常见的平面阵列天线并没有太大区别，甚至可以简单理解为在普通机扫平面阵列天线的基础上修改馈电结构而得到（后端发射/接收机和信号处理算法当然会有很大变化）。天线单元后端加入移相器可以得到无源相控阵天线（PESA），移相器加入 T/R 组件，即可得到有源相控阵天线（AESA）。对于天线工程师而言，同一个天线阵面，既可以做 AESA，也可以做 PESA。因此，对于平面阵列天线而言，具有很大升级成为相控阵天线的潜力。

对于升级成为了 AESA 天线的雷达而言，具有更大的发射功率，更远的探测距离，更为灵敏的波束扫描和更强大的波束赋形功能。获得 −50、−60dB 的平均副瓣也更为容易。

以 F −22 为例，这类新一代隐身战斗机的 AESA 雷达，采用了偶极子阵列，图 3 −40 为 F −22 的 APG −77 雷达所用的伞状偶极子阵。单元采用偶极子天线，具有宽带特性，单元方向图较宽，也容易实现大角度扫描。

天线最前方凸出的是天线表面，T/R 组件接在天线后方。

"阵风"新款中使用的 RBE −2 AESA 雷达（如图 3 −41 所示），则采用了 Vivaldi 天线阵。这种天线单元的特点是带宽特别宽，因此整个天线阵列的带宽可以得到拓展。

正是相控阵技术的发展，使得机载天线进入了一个全新的阶段。天线的发展，是雷达整体技术发展的一个缩影。雷达天线的性能决定了雷达的性能，如果一个雷达系统整体性能先进，就需要一个性能优越的雷达天线。相控阵天线将来的发展方向是适应大角度扫描、超宽带、共口径、共形等实际需求，促进机载雷达系统的进一步发展。

图 3 - 40　F - 22 的 APG - 77 雷达天线

图 3 - 41　RBE - 2 雷达 AESA

小　结

　　本章主要介绍了天线系统的基本原理及其主要技术参数。重点介绍了机载火控雷达的主要天线形式，抛物面天线、平板裂缝天线和相控阵天线的结构特点、技术特点及其基本工作原理，各种雷达天线应用于不同的机载雷达上，与相应的火控雷达技术性能相适应。

思　考　题

1. 说明天线辐射电磁波的基本概念。
2. 什么是天线的增益？
3. 什么是天线的波束宽度？
4. 抛物面天线的结构特点是什么？简述其基本工作原理。
5. 平板缝隙天线的结构特点是什么？简述其基本工作原理。
6. 相控阵天线的结构特点是什么？简述其电子扫描的原理。
7. 移相器的作用是什么？
8. 缝隙天线在波导上开设裂缝应该注意什么问题？

第4章 机载火控雷达发射机与接收机

机载火控雷达的工作过程中需要发射大功率电磁波去照射目标，这是由雷达发射机来完成的；接收目标回波的初步处理是在雷达接收机里完成的，相控阵雷达中将集中的大功率雷达发射机和雷达接收机分解为若干个小的雷达发射机和接收机组成 T/R 组件，采用空间功率合成的方法实现雷达辐射信号的发射与接收。本章我们主要讲述机载火控雷达发射机和接收机的功用、组成及其基本工作原理，最后介绍 T/R 组件的基本实现原理。

4.1 雷达发射机

4.1.1 脉冲雷达发射机的功能及组成

雷达发射机是雷达系统的一个重要组成部分，脉冲雷达发射机的任务是产生符合要求的大功率射频脉冲信号，经微波馈电系统传输到天线辐射出去。

脉冲雷达发射机分为单级振荡式和主振放大式两类。其中主振放大式脉冲雷达发射机又包括放大链式和放大阵式两种。

4.1.1.1 单级振荡式发射机

单级振荡式发射机主要由脉冲调制器、射频振荡器和电源等电路组成，其原理如图 4 – 1 所示。

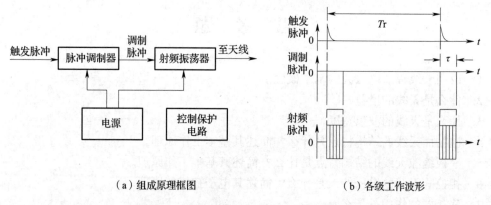

（a）组成原理框图　　　　　　　　（b）各级工作波形

图 4 – 1　单级振荡式发射机组成原理框图

在定时器加来的触发脉冲触发下，调制器产生具有一定脉冲宽度（τ）、一定重复频率（$1/T_r$）的大功率调制脉冲加到射频振荡器，使其在调制脉冲作用期间，产生大功率射频振荡信号，送至天线向空间辐射。发射机各级电路正常工作所需的各种电源由电源电路供给。

另外，由于发射机通常工作在高电压、大功率状态，为保证设备工作安全，发射机内部通常还设置控制、监测及保护电路。

单级振荡式发射机的大功率脉冲调制器有闸流管开关、电子管开关、可控硅开关及磁性开关调制器等几种；射频振荡器有电子管、磁控管振荡器等几种。

单级振荡式发射机电路结构简单，成本低，但其频率稳定度低，难以形成复杂信号波形。

4.1.1.2　主振放大式发射机

主振放大式发射机的组成原理框图如图 4 - 2 所示，它的特点是由多级电路组成。从各级的功能来看，一是用来产生射频信号的电路，称为射频信号源；二是用来提高射频信号功率电平的电路，称为射频放大链（器、阵），"主振放大式"的名称就是由此而来。

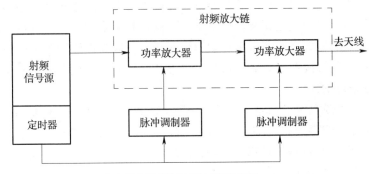

（a）放大链式发射机组成原理框图

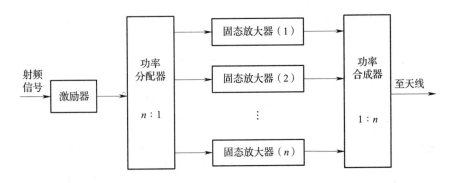

（b）固态放大阵式发射机组成原理框图

图 4 - 2　主振放大式发射机组成原理框图

射频信号源用来产生具有高频率稳定度的射频信号（低功率）。现代雷达采用频率综合器电路构成射频信号源，用以产生雷达整机系统所需的各种高频率稳定度的基准频率信号（射频激励信号、本振信号、中频信号等），同时还可以产生复杂信号波形及实现射频频率捷变。

射频放大链一般由单级或多级功率放大器构成，用来将低功率射频激励信号进行功率放大并实现脉冲调制后输出。射频功率放大器通常采用行波管、速调管和前向波管放大器件（工作频率 1000MHz 以上）。

固态放大阵式发射机中的固态放大器通常由微波晶体管集成放大器构成，由于单个微波固态放大器的输出功率较小（几瓦至几百瓦），所以采用多个功率放大器输出进行合成，从而得到高功率射频信号输出。这种由微波晶体管集成放大器和优化设计的微波网络构成的阵列式发射机一般称为固态发射机。这种发射机的特点是工作电压低、可靠性高。

主振放大式发射机具有较高的频率稳定度，因而可以输出相位相参的射频信号。所谓相位相参是指两个信号的相位之间存在确定的对应关系。

在主振放大链式发射机中，射频信号源通常输出的是连续波信号，射频脉冲的形成是通过脉冲调制器对功率放大器的控制来实现的，因此相邻射频脉冲之间的射频信号相位就具有固定的相位关系。只要信号源的频率稳定度足够高，射频信号就有足够的相位稳定度，也即具有良好的相位相参性。而单级振荡式发射机产生的射频信号不具有这种相参特性。

由于采用频率综合器电路构成射频信号源，使雷达整机系统的发射信号、本振信号及相参中频信号等均由同一稳定频率的基准信号源提供产生，因此所有这些信号之间均保持相位相参性，从而可以构成全相参雷达系统。不仅如此，采用频率综合器电路的发射机还具有发射频率跳变的能力，因而可用于频率捷变雷达，提高雷达的抗干扰能力；同时还能使雷达发射机产生复杂波形（调频、调相、变 PRF、变脉冲宽度等）射频信号，适应了雷达不同工作方式的要求。

频率综合器又称为频率合成器，它是利用锁相技术对信号源（一般是具有高频率稳定度的晶体振荡器）的振荡频率进行加、减、乘、除的方法获得很多频率稳定度很高的频率；而且其频率数值可以通过程控进行控制，因而可以实现雷达发射频率的快速变频或频率捷变。

4.1.2 脉冲雷达发射机的工作原理

该部分内容主要对脉冲雷达发射机重要组成的磁控管振荡器、行波管放大器以及大功率脉冲调制器的基本原理进行说明。

4.1.2.1 磁控管振荡器原理

磁控管是正交场微波管中出现最早的一种微波器件，早在 20 世纪 20 年代初就已产生。它的工作频率范围广，输出功率大，效率高，价格低，用途十分广泛。早期主要用作微波雷达发射机的大功率信号源，现在，它的应用范围已从雷达、导航等军事领域逐渐扩展至工业加热、医疗、食品工业及家用微波炉灶等民用领域。

磁控管是一种特殊的二极管，其工作频率范围为 1～100GHz。工作时，它被置于恒定的磁场中，利用电场和磁场控制管内电子的运动产生射频振荡，其输出脉冲功率可达几千瓦到几兆瓦。它的主要缺点是发射频率稳定度低。

（1）磁控管的结构

磁控管由几个主要部分组成，见图 4 - 3 所示。

a. 阳极和回路系统

阳极是用纯铜制成的环形圆柱体，圆柱体内壁凿有偶数个通孔，称为谐振空腔，构成磁控管的环形谐振回路。空腔的数目在厘米波段有 8～32 个，毫米波段就更多些；空腔的基本形式有洞槽式（或槽孔式）、翼片式、异腔式等几种，如图 4 - 3（b）所示。洞槽式多用于频率较低的波段（$\lambda > 3cm$），翼片式和异腔式则多用于频率较高的波段（$\lambda \leqslant$ 3cm）。为了便于风冷散热，阳极外部侧面装有散热片；有的管子阳极柱体内部还有液道，以便进行油冷或水冷。阳极上、下有端盖密封，保证管内有高的真空度。

由于每个谐振腔都谐振在同一频率上，腔与腔之间通过电磁耦合，构成一个统一的环形谐振系统，并由其决定磁控管的振荡频率；也可以把多空腔的阳极谐振回路，看成首尾相接的慢波线，微波电场以一定的相速在阳阴极间的作用空间传输，阴极发射的电子与行波场同步并相互作用，就能进行有效的能量交换。

阳极是暴露在外面的，应该接地，所以一般都在管子阴极加负的电压（或负调制脉冲）。

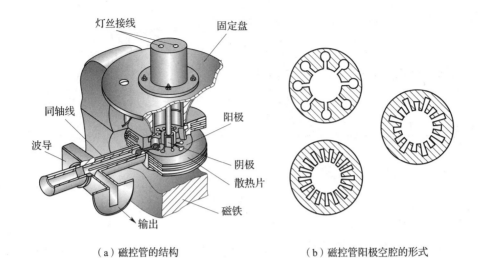

（a）磁控管的结构　　　　　　　　　　（b）磁控管阳极空腔的形式

图 4 - 3　磁控管的结构

b. 阴极

阴极呈圆管形，同轴安放在阳极中央，如图 4 - 4 所示。它的主体是一镍制圆管，圆管的多孔表面涂有氧化物，螺旋形的灯丝装在圆管中，阴极顶端盖有护板，以防止电子飞到阴极两端。这种旁热式氧化物阴极的电子放射面积大，其脉冲放射电子的能力很强，可达每平方厘米几十甚至上百安培，以适应磁控管输出大功率的需要。

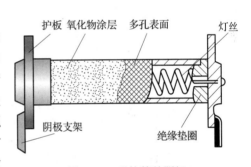

图 4 - 4　磁控管的阴极

灯丝一端与阴极相接，然后由引线送出，由于阴极加负高压，灯丝引出线用玻璃密封，并与阳极隔离。

氧化物阴极有一个严重缺点，就是表面容易产生局部过热的现象，使得局部区域的氧化物损坏。尤其是阴极温度还较低就加上阳压时，这种现象更易发生。因此，在阴极加温不足时不能加阳极高压。

c. 磁铁

磁铁用来产生与管轴平行的直流磁场，如图 4 - 5 所示，通常磁通密度 B 应大于截止磁通 B_c 的 （2～5） 倍，在阳阴极间的作用空间形成正交电磁场。

磁铁通常采用马蹄形永久磁铁，有包装式与非包装式两种。包装式磁铁与管子结成整体结构；非包装式磁铁，则可与管子分开，如图 4 - 5 （a）、（b） 所示。磁铁的磁通密度的大小随磁控管工作波长减小而增大；在分米波段为数百至一千多高斯，10cm 波段为 2000 ～ 300Gs[①]，3cm 波段为 5000 ～ 6000Gs。永久磁铁在使用过程中，磁性会逐渐衰退。为了保证正常工作所需磁通密度，可用改变磁极间距 （见图 4 - 5 （a）） 或调整磁（场）分路器 （见图 4 - 5 （b）） 等办法，用高斯表监测加以调节。

---

① 　1000Gs（高斯） ≈1T（特 ［斯拉］）。

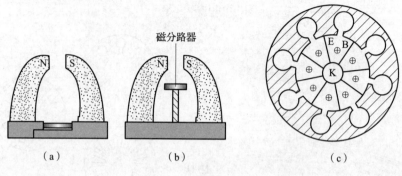

图 4 - 5   磁控管的磁铁

d. 输出耦合装置

应用最广泛的有同轴线型线环耦合、探针耦合输出装置；还有波导形的阻抗变换段耦合输出装置，如图 4 - 6 所示。前者用于 10cm 以上波段，后者用于 10cm 以下波段。

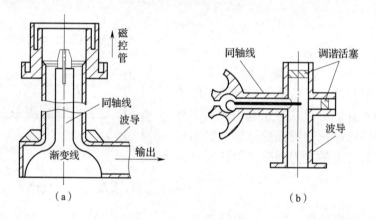

图 4 - 6   输出耦合装置

（2）磁控管电路

a. 脉冲高压的供给

磁控管的脉冲高压由调制器供给，由于磁控管的阳极总是接地的，因而送到磁控管的是负脉冲高压。

为什么磁控管的阳极总是接地呢？这不仅是因为阳极很大，不接地时会有很大的分布电容，使调制脉冲波形变坏，而且还因为阳极总是与波导或同轴线连接，为了安全，也必须接地。所以加于磁控管的调制脉冲实际上是一个加于阴极的负高压脉冲。负高压脉冲可以直接加到阴极，如图 4 - 7（a）所示；也可以通过脉冲变压器加到阴极，如图 4 - 7（b）所示。在电路连接时，必须将高压脉冲接至灯丝与阴极相连的一端，如错接在灯丝的另一端，则很大的脉冲电流将通过灯丝完成回路，容易损坏灯丝。

b. 灯丝电压的供给

磁控管的灯丝电压通常由交流电源经降压变压器后供给，由于磁控管的灯丝与阴极相连，而阴极又加有负高压调制脉冲，因此要求灯丝变压器的分布电容必须很小，以免影响调制脉冲波形，同时因为调制脉冲电压很高，常在几万伏左右，因此要求灯丝绝缘强度必须很高，这样就必须使用结构较为特殊的灯丝变压器。为了仍然使用普通的灯丝变压器，目前常采用一种共有双次级脉冲变压器的灯丝电路，如图 4 – 8 所示。

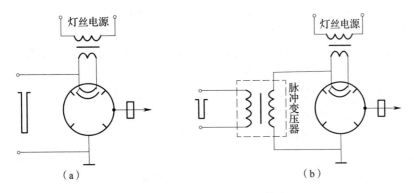

图 4 – 7　阳极脉冲高压的供给

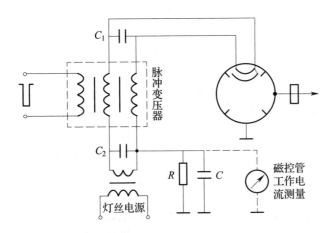

图 4 – 8　利用双次级脉冲变压器的灯丝电路

图中由于 C_2 的作用使灯丝变压器处于脉冲电压的地电位，因此对绝缘的要求可以大大降低，而且灯丝变压器的分布电容也不再影响调制脉冲的波形。电容 C_1 则用来平衡脉冲变压器两次级线圈的感应电压，以免两线圈感应电压不平衡时，使磁控管灯丝电流过大。

磁控管电路除了上述脉冲高压与灯丝电源的供给电路外，还有一些辅助装置，如冷却装置、测量装置、控制保护装置等，这里不作叙述。

（3）磁控管振荡器使用注意问题

a. 关于频率的稳定问题

磁控管在使用中引起振荡频率不稳定的主要因素如下。

①工作温度变化

磁控管的振荡频率随工作温度升高而降低。原因是温度升高时，空腔体积变大、腔口间距变小，结果空腔的等效电感、电容增大，频率降低。频率随温度的变化大致如下：10cm 磁控管约为 0.05MHz/（°），3cm 磁控管约为 0.15MHz/（°）。因此，在工作中应随时检查磁控管的风冷和液冷装置是否良好。

②负载的变化

磁控管的负载就是传输线（波导或同轴线）的输入阻抗。当天线转动或摆动使传输线的负载发生变化时，其输入阻抗的电抗部分将使磁控管的频率发生变化。

③阳极电压变化

磁控管的阳极电压就是调制器输出的脉冲高压，在脉冲期间，若顶部电压不稳定，则磁控管振荡频率也将不稳定。原因是当阳压变化后，供能电子在管内运动的速度将改变，从而使电子到达腔口的时机提早或推迟。如当阳压变高时，电子运动速度增大，它将提前到达腔口，在原来的射频电场最大值之前给射频电场补充能量，这样下去，就迫使射频电场的最大值提前一个时间，从而使振荡周期缩短了，频率升高了。反之，则频率降低。这种现象称为磁控管的"电子频移"，若频移太大，将使接收机难以接收。因此，在工作中要注意检查调制器输出的脉冲波形的顶部变化是否符合要求。

b. 磁控管的使用注意事项

磁控管是厘米波发射机的主要元件，在使用时必须注意以下几点。

①对新管或长期不用的管子要"老炼"

新管或长期不用的磁控管会存在一些从固体金属中逸出的气体，这样在工作时会造成气体电离、形成火花放电，造成磁控管阳、阴极之间出现"打火"现象。"打火"会造成阴极的损坏，因此要对磁控管进行"老炼"。

所谓"老炼"，就是将新的磁控管或很久没有通过电的磁控管进行通电，使磁控管内逸出的气体分子重新回到金属壁内。"老炼"的方法是在专用"老炼"设备上，按规定值加上灯丝电压，预热 0.5h 左右，然后逐渐升高阳压、脉冲宽度和重复频率，每增加一次，使其工作 10min，如无"打火"现象，则继续增加。如果"打火"严重，则退回原来位置继续"老炼"。

在没有专用"老炼"设备时，可在雷达整机上的发射机中进行，即雷达开机，发射机不加高压工作加温 30min，然后加高压。而在加高压时，应先将发射机中的高压数值转换开关先放在电压最低位置，然后逐渐转换到正常位置。

②注意保管，避免强烈振动

磁控管灯丝与阴极焊接处比较脆弱，受振后容易脱焊，灯丝引出处和输出耦合处的玻璃也易振裂，因此，在装拆和运输过程中，应注意避免振动。

③充分预热、注意冷却

磁控管加高压前，灯丝必须有足够时间预热，否则会缩短磁控管使用寿命甚至造成损坏；另外在工作时，还必须注意经常检查磁控管的风冷或液冷装置是否正常，如不正常磁控管会因温度过高而损坏。

④保持负载匹配良好

磁控管负载变化时，不仅会影响磁控管的工作频率和输出功率，严重不匹配时，会使管内"打火"，容易造成管子损坏。因此，绝不允许磁控管在无负载或负载严重不匹配的情况下工作。对于波导连接处是否接触良好、波导内是否进水或掉进杂物、波导是否被碰变形等易造成不匹配的原因，也应适时地进行检查。

⑤保持永久磁铁的磁感应强度恒定

为使磁控管稳定工作，除了阳压应当稳定外，磁感应强度也应保持恒定。因此，永久磁铁应避免撞击，在未装磁控管时，应以软铁置于磁极之间，使磁路闭合，以免磁性减弱。

4.1.2.2　行波管放大器原理

行波管放大器是一种应用很广泛的微波管放大器，它利用电子渡越时间，使电子在渡越的过程中与信号行波电场同向行进，相互作用，电子不断地把从直流电源获得的能量交给信号行波场，使信号得到放大。因此，行波管放大器的工作频率范围很宽，可从200MHz 直至 590GHz，同时还具有增益高和噪声系数低等优点。既可用于发射机的功率输出级，也可用于接收机的高放级。

（1）行波管的基本结构

通常行波管由电子枪、输能装置、慢波系统、收集极及散热器和磁聚束系统五部分组成。行波管的基本结构如图 4-9 所示。图 4-10 为行波管各电极供电原理图。

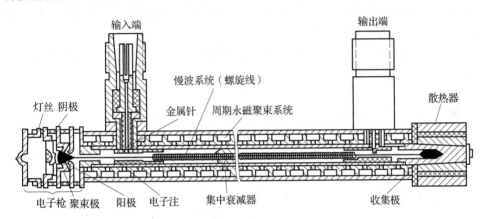

图 4-9　行波管基本结构示意图

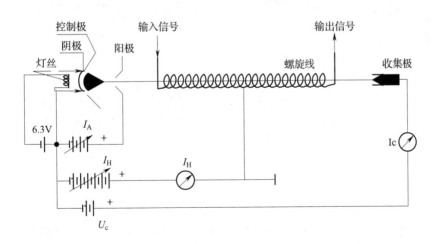

图 4-10　行波管各极供电原理图

a. 电子枪

电子枪通常由阴极、聚束极和加速极（即阳极）组成，它的任务是产生一束具有一定能量的高速细束电子流（常称为电子注或电子束）。阴极通常用镍的合金制成，发射面做成凹球面状，其表面涂敷一层发射电子的活性物质。聚束极是用来控制电子注的形状和粗细的，常做成漏斗状，其电压可与阴极相同或相差（低于或高于）几十伏。阳极则用来加速电子，使电子离开阴极穿过阳极小孔后以一定的速度射入慢波系统（螺旋线）。

为了实现对射频信号的调制，电子枪可用阳极、聚束极或控制栅极作为调制电极，不同调制电极的电子枪在结构上有所不同。

阳极调制结构上实现较为简单，但要求调制电压较高；聚束电极调制实质上是用一个绝缘的聚束电极在两脉冲之间截止电子束，通常用一个中心电极与聚束电极一起组成电子注控制电极。栅极调制是近年来出现的一种先进的调制方法，其电子枪包括一个阴极、两个对准的栅极（一个称为阴影栅，位于阴极电位内；另一个称为控制栅），一个普通的聚束电极和阳极。这种电子枪栅极调制方式所需调制电压较低，可以简化调制器的设计。

b. 信号输入、输出耦合装置（输能装置）

输能装置用来将微波信号加入行波管输入端及从行波管输出。常用的输能装置有同轴和波导两种形式。

波导耦合装置的优点是：高频损耗小，匹配好，这对于改善整管的增益特性是有利的，此外管子本身的工艺和结构也比较简单。

c. 慢波系统

慢波系统用来降低微波电磁场沿行波管轴向的传播速度，使之与电子注的速度相近，以便与电子注进行能量交换，实现微波信号的放大。

行波管慢波系统因结构的不同，可分为螺线形、环杆形、环圈形和耦合腔形4种，如图4-11所示。

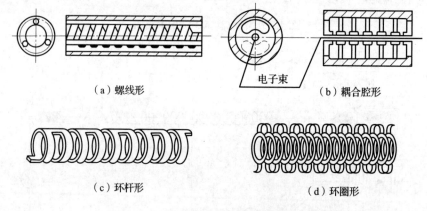

（a）螺线形　　电子束　　（b）耦合腔形

（c）环杆形　　（d）环圈形

图4-11　行波管4种不同的慢波系统结构

前三种形式性能相近，螺线、环杆或环圈通常由钼或钨制成，在管内用介质支柱支撑，因此，散热条件差，使用功率受到较大限制。当要求峰值和平均功率较高时，主要使用耦合腔形行波管，因为它的慢波系统结构可直接进行冷却，易于散热，比需要用介质支撑的相互作用结构的各种行波管要能承受大得多的平均功率。

d. 收集极和散热器

在慢波系统中完成了能量转换任务的电子注穿出慢波系统后被收集极所收集。由于电子注的速度很高，因此收集极的热损耗很大，为防止收集极温度过高而损坏行波管，通常在收集极外面装有散热器，使热量有效地散发出去。

e. 磁聚束系统

由于行波管慢波系统的内径通常只有 2～3mm，电子束的直径就更小，在这样细的电子束内，电子之间的相互排斥力很大，为了限制电子束的发散，行波管采用外加轴向磁场来维持电子束的聚焦。

磁聚束系统目前大多采用周期永磁结构磁场，其基本结构示意图如图 4 – 12 所示。即用许多磁环同极相邻地排列在一起，从而形成轴向周期性磁场。磁环通常采用高效磁性材料（如钐钴磁钢 SmCo），以减轻聚束系统的重量和改善行波管的可靠性。

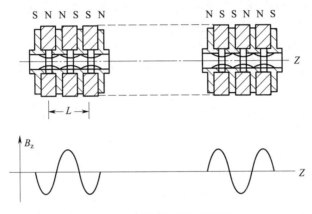

图 4 – 12　周期永磁结构磁场

f. 钛泵

为了保证行波管内的高真空，一般管内都有一个冷阴极的钛泵。钛泵结构简单，如图 4 – 13 所示。

中间为一方格状钼阳极，两旁是钛阴极。阳极对于阴极有正几千伏的直流高压，磁场垂直于阴极。磁场的作用是延长电子运动的路程，增加和气体分子的撞击次数，以增强气体电离造成自持放电。由电离所形成的正离子轰击阴极造成阴极溅射，被溅射出来的钛原子会被覆在阳极或周围其他表面上，形成可吸气的钛膜。活性分子极易为钛膜所吸收，同时一部分离子在轰击阴极的过程中又会被阴极捕获。惰性分子主要是在碰撞后形成亚稳态的离子轰击钛板，而被埋入钛层之中的，这样就使管内的压强得以降低。

钛泵不仅可以保证管内真空，而且由于它的阳极电流几乎正比于管内气体浓度，故可以用它作为管内真空好坏的指示，并用来控制保护系统。新管或储存的管子初次使用，常常会出气，应先开钛泵，并监视真空度。整机安装时，钛泵近旁应无磁性材料。

（2）行波管放大器的工作原理

行波管放大器的放大原理与普通电子管放大器不同，它是通过电子束与信号行波电

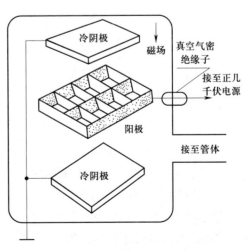

图 4 – 13　钛泵结构示意图

场互相作用，由电子束不断供给行波电场能量而实现信号放大的。高频信号从输入端进入行波管放大器以后，沿着管轴向前传播，电子枪发射的电子也沿着管轴前进；在二者共同前进的过程中，电子不断地把自己从直流电场中获得的能量交给信号行波电场，使其不断增强，当到达输出端时，信号行波电场比原来放大了许多倍。放大了的信号从输出装置输出。由此看来，电子与行波电场之间的能量交换过程，也就是行波管放大器放大信号的过程。

为了达到电子不断地把其能量交给信号行波电场的目的，必须使电子束中的大多数电子始终处于信号行波轴向电场的减速场。但是，由于阴极发射的电子束其电子密度是均匀的（不考虑散弹效应），这就需要设法把其中的大多数电子一簇一簇地群聚起来；另一方面，由于电子束是沿螺旋线轴线射向集电极的，要使它与行波电场之间产生能量交换，就需要形成行波电场的轴向分量；再者，由于行波沿导线传播的速度接近光速，而电子的运动速度远小于光速，因此需要设法减慢行波的轴向速度，使其与电子的运动速度近于相等，这样，行波电场才能有效地从群聚的电子获得能量。下面就来分别讨论这些问题。

a. 螺旋线的"慢波"的作用

在行波管中，采用螺旋线来减慢行波的轴向速度，亦即螺旋线能起到"慢波"作用。在图 4-14（a）中，同轴线内导体是直线，行波沿导体传播的速度 V_ϕ 接近于光速 c，它将很快从 A 点传到 B 点。如果把同轴线内导体弯成螺旋状，成为图 4-14（b）所示的情况，则行波要沿螺旋线兜很多圈才能从 A 点传到 B 点。行波沿螺旋线走了一个圆周长 πd（d 为螺旋线直径），才在轴线方向上前进了一个螺距 a。因为 $\pi d > a$，所以行波的轴向速度 V_ϕ 要小于光速 c，减小的倍数为 $a/\pi d$，即：$V_\phi = c \cdot a/\pi d$。

由此可见，行波沿螺旋线圈前进的结果，其轴向传播速度大大减慢了，这就是螺旋线的"慢波"作用。

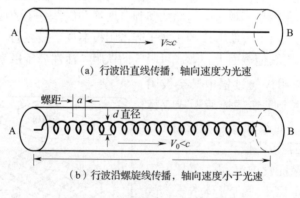

(a) 行波沿直线传播，轴向速度为光速

(b) 行波沿螺旋线传播，轴向速度小于光速

图 4-14 螺旋线的"慢波"作用

b. 螺旋线内行波电场的分布

要研究电子束与行波电场之间的能量交换必须先弄清行波电场在螺旋线内的分布情况。

行波沿螺旋线行进的过程中，线上各点的行波电压、行波电流是随时间交变的，因此在螺旋线的周围产生交变的电磁场。而电子束是在螺旋线的内部沿轴线方向运动的，只有螺旋线内部的交变电场才有可能和电子束进行能量变换，外部的交变电场则可以不予考虑。

设某一瞬间螺旋线管上行波电压的分布如图 4-15（a）所示。图中只画了一个波长的范围，占据 6 个线圈的位置。在行波电压正电位与负电位之间，高电位与低电位之间，都存在着行波电场，如图 4 – 15（b）所示。各点的行波电场都可以分解为径向和轴向两个分量。径向分量就是与管轴垂直的分量，它与电子没有能量交换作用，可以不考虑；轴向分量就是与管轴平行的分量，它对电子的运动有减速或加速作用，因而与电子之间有能量交换。

从图 4 – 15（b）可见，AB 区间的轴向电场与电子运动方向相反，是加速场；而 BC 区间的轴向电场是减速场。每个区域的中间部分轴向电场最强，对电子的加速或减速作用最大；两个区域的交界处轴向电场为零。可以认为，行波电场的轴向分量沿轴线 X 是按正弦规律分布的，如图 4 – 15（c）所示。图中正半周表示加速场，负半周表示减速场。随着时间的推移，这个电场以轴向速度 V_ϕ 向输出端行进。

c. 电子的群聚和能量交换

行波电场的轴向分量对电子有两个作用：一是使电子束中前后不一的电子相互靠拢，聚集成群，即所谓"群聚"作用；二是与电子进行能量交换，使行波电场逐渐增强，从而实现信号的放大。

行波轴向电场与电子束之间的相互作

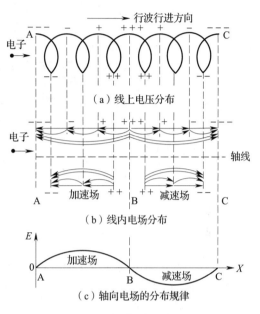

图 4 – 15　某一瞬间螺旋线内的行波电场

用，是在螺旋线的始端至末端这一较长的区域范围内进行的，因此，相互作用的时间也较长。并且，行波轴向电场对电子的速度调制（加速或减速）和群聚，以及能量交换等三个作用过程，是不能截然分开的，而是不断地互相促进互相加强的。

当螺旋线中没有行波电场时，电子束密度沿管轴的分布可认为是均匀的。当有行波电场以后，电子在与行波电场一起进行的过程中将受到行波轴向电场的加速与减速作用。被加速的电子将赶上前面未受加速的电子，而被减速的电子又将向后面未受减速的电子靠拢，于是在行进过程中，电子将逐渐地群聚起来，并与行波电场进行能量交换。根据电子进入螺旋线时初始速度 V_e 的不同，下面分三种情况进行讨论。

①电子的初速等于行波轴向速度时，电子群聚在零电场处。两者之间没有能量交换。

因为电子与行波电场等速前进，在图 4 – 16 中，处在 BC 和 DE 区间内的电子，由于受到轴向电场的减速而逐渐落后，处在 AB 和 CD 区间内的电子由于受到轴向电场的加速逐渐超前，结果电子便群聚在 B 点和 D 点附近。这里行波的轴向电场基本为零，群聚的电子在与行波等速前进时，它们的能量互无得失。在这种情况下，行波管没有放大作用。

②电子的初速稍大于行波轴向速度时，电子群聚在减速场内，行波电场获得能量。

如图 4 – 17 所示，在这种情况下，处于减速场 BC 区间及 DE 区间的电子，虽然受到行波电场的减速，但因为它的初速大于行波的轴向速度，故仍留在减速场内，随行波一起前进。而处在加速场 AB 区向和 CD 区间的电子，受到行波电场的加速以后，加上它原来的速度就大于行波的速度，结果便赶到前面的减速场中去。这样电子便群聚在减速场内。

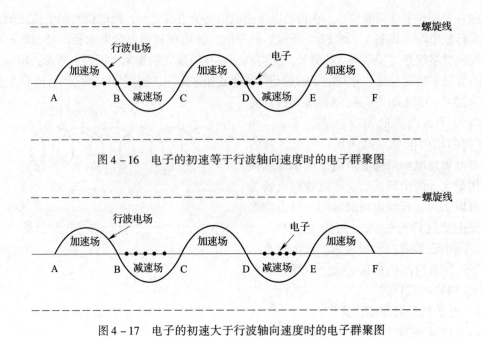

图 4-16　电子的初速等于行波轴向速度时的电子群聚图

图 4-17　电子的初速大于行波轴向速度时的电子群聚图

群聚电子处在减速场内，在前进过程中始终受到减速场的减速，电子便把自己的能量不断交给行波场，使行波电场不断加强。所以，在这种情况下行波管对高频信号有放大作用。

③当电子的初速度稍小于行波轴向速度时，电子将群聚在加速场内。在这种情况下，电子将从行波电场中获得能量，行波电场不仅不能加强，反而会减弱，行波管就失去了放大作用。

综上所述，在电子与行波一同前进的过程中，电子由于受到行波轴向电场的速度调制作用，便一簇一簇地逐渐群聚起来。电子的初速不同，群聚的区域也不同。为了使行波管具有放大作用，必须使电子的初速稍大于行波的轴向速度，保证电子群聚在行波电场的减速区内。调整第二阳极电压，可以改变电子的速度，以达到最佳的群聚，使行波管放大最有效。

d. 信号的放大过程

在行波管中，电子的群聚和电子与行波电场之间的能量交换，也与一切客观事物一样，本来是互相联系和具有内部规律的。在电子的初速稍大于行波轴向速度的前提下，群聚电子密度的加大和行波电场幅度的增长是互相促进的，越来越快的。

在螺旋线的输入端，行波电场很弱，而电子又是比较均匀地分布在电场的加速区和减速区，因而两者之间交换的能量很少。但在行波轴向电场对电子的加速与减速作用下，电子渐向减速区群聚，使减速区内的电子密度逐渐增大，电子交给电场的能量逐渐增多，行波电场逐渐增强。行波电场增强以后，又会使电子得到更好的群聚，群聚电子的密度更大，电子交给电场的能量更多。这样相互作用的结果，群聚电子的密度将越来越大，行波电场也将越来越强。到达输出端时，电子得到最好的群聚，行波电场也达到最强。于是，在行波管的输出端便得到被放大了的高频信号。

由以上分析可以看出，高频信号增大的能量是由电子的动能提供的，而电子的动能又是直流电源提供的。所以，归根到底，高频信号放大的能量是由直流电能转化而来的。显然。进行能量转化的媒介，是沿螺旋线轴线渡越的电子；实现能量转化的条件，是使电子进入螺旋线时的初速稍大于行波的轴向速度，这可通过适当调整加速阳压来保证。

（3）行波管放大器的主要性能

衡量行波管放大器性能优劣的主要参数是：频带宽度、功率增益和噪声系数。

a. 频带宽度

行波管放大器是一种宽频带放大器，也就是说，它可以在很宽的频率范围内对高频信号进行放大，而放大器的增益不致有明显的变化。如果只从行波管放大器工作时所要求的电子与行波场近似同步的条件看，由于这一条件的实现与信号频率无关，那么可以说行波管放大器的频带宽度是无限宽的。但是实际上，行波管放大器的频带宽度，是受螺旋线的性能和输入输出装置的性能所限制的。

单从行波管来看，由于它没有谐振腔，它的工作频带仅受螺旋线的限制。螺旋线制作好后，其线管直径 d 是确定的，只有当信号频率合适时，方能在螺旋线内形成足够强的轴向信号电场，从而使电子充分地群聚起来，并交给信号行波电场足够的能量，信号才能得到足够的放大。但当信号频率太高时，会使螺旋线一个周长（nd）相当于几个信号波长，这将使信号行波轴向电场大大减弱，或者说不能形成轴向电场。这时，信号就不可能得到放大。当信号频率太低时，又会使得沿轴线分布的波长数太少，电子不能有效地群聚和交出能量，这时信号也不可能得到放大。即使这样，行波管的工作频带仍然是很宽的，例如，一只 3000MHz 的行波管，其频带宽度可达 1000MHz。

将行波管组成行波管放大器后，行波管放大器的频带宽度还要受到输入、输出匹配装置的限制，由于输入、输出装置只能在一定的频率范围内实现匹配，因此，它们会明显地限制行波管放大器的频带宽度。

b. 功率增益

行波管放大器的功率增益 K_p 是指其输出信号功率 P_{out} 与输入信号 P_{in} 之比，即

$$K_p = P_{out}/P_{in} \tag{4-1}$$

若用分贝表示，则为

$$K_p（dB）= 10\lg（P_{out}/P_{in}） \tag{4-2}$$

行波管放大器的功率增益主要与第二阳极电压（螺旋线电压）有关，此外还与螺旋线的长短、电子束电流（集电极电流）的大小及输入信号功率的大小等因素有关。

①增益与第二阳极电压的关系

从上述讨论可知，只有当第二阳极电压调整合适时，才能使进入螺旋线的电子初速稍大于行波的轴向速度，从而使电子充分地群聚起来，并有效地交给行波场能量，行波管放大器才会有最大的功率增益。反之，若第二阳极电压调整不合适，则其功率增益就会降低。因此，在使用维修设备时，应注意调好第二阳极电压。

②增益与螺旋线长短的关系

螺旋线长，电子与行波场相互作用的时间就长，电子就可能充分地群聚起来，因而电子交给行波场的能量多，输出信号功率大，功率增益就高。

但是螺旋线过长时，具有不同速度的电子便会逐渐散开和脱离减速场，这样反而会导致功率增益下降，所以螺旋线必须做成合适的长度。

③增益与电子束电流大小的关系

电子束电流越大，参与交换能量的电子就越多，交给行波场的能量也就越多，功率增益就增大；反之，功率增益会越小。但在工作中，电子束电流不应超过规定的数值，以免影响电子束的聚束和行波管的使用寿命。

④增益与输入信号功率的关系

试验表明，当输入信号功率 P_{in} 较小时，功率增益 K_p 与 P_{in} 的关系不大，也就是说，这时行波管放大器的增益 K_p 近似为常数。但当 P_{in} 增大时，K_p 会减小，并且当 P_{in} 大到一定程度后，行波管放大器不但不能放大信号，反而对信号有衰减作用。产生这种现象的原因很多，其原因之一是，当 P_{in} 过大时，导致行波电场过强，从而使进入螺旋线的电子受到较深的速度调制，位于减速场的电子的速度剧烈地降低，位于加速场的电子的速度剧烈地增加。结果，在运动过程中，得到加速的电子便很快地赶上受到减速的电子而群聚起来。但是，由于运动电子的惯性，这种群聚是不能持久的。"快速"电子在追及"慢速"电子后，接着便迅速地超过慢速电子，从而导致群聚电子解体疏散。这样，电子交给行波场的能量就会减少，甚至从行波场获取能量，致使行波管放大器功率增益降低或对输入信号产生衰减。

c. 噪声系数

行波管放大器的优点之一是噪声系数小，所以适合于用来对微弱信号进行放大，故可用作接收机中的高放。

行波管放大器的内部噪声主要来自阴极电子发射的散弹效应，由于这种附加在电子束上的起伏噪声能在螺旋线的输入端激励起噪声行波，它像信号一样，也能得到放大而输出。另外，电流分配噪声和二次电子噪声也是行波管放大器内部噪声的来源。电流分配噪声与各个电极的电压有关；二次电子噪声主要与电子束聚束的好坏有关，如果聚束下好，一部分电子打到电子枪的各个电极或螺旋线上，就会打出二次电子，产生二次电子噪声。

（4）行波管放大器使用注意事项

a. 保持匹配良好

在使用行波管放大器时，应注意使输入端和输出端的匹配均保持良好状态，当匹配不良时会引起放大性能恶化，甚至造成放大器自激。所以，在行波管放大器的输入端和输出端通常都设置有匹配装置，在工作中应该将匹配装置调整到最佳状态，使行波管输入阻抗与输入信号源匹配，输出阻抗与负载匹配。对于输入输出馈电系统的连接、是否变形等易造成失配的原因，也应适时地进行检查。

b. 对行波管供电电源的要求

行波管各极电压均为直流，对其稳定度和波纹值有一定的要求。

收集极电压加在收集极和阴极之间，其波纹值和稳定度不能太大，否则会引起干扰，影响输出稳定性。

对慢波系统电压要求较高，因为其大小直接影响电子束与微波电磁场的"同步"，其偏离同步点不大的电压变化将会引起输出功率的可观变化，此外其电压的变化还会影响行波管的其他性能（如输出微波信号的相位变化）。一般要求其波纹值小于毫伏，稳定度 0.1%。

阳极电压的大小直接控制着收集极电流的大小，而收集极电流的大小对高频性能有较大影响。同时阳压变化也会影响输出微波信号的相位。灯丝电压也要求有较高的稳定度。

c. 行波管工作安全保护措施

行波管放大器是高电压、大功率器件，为防止行波管损坏，在行波管电路中应设置相应安全保护措施。

①慢波系统电流过荷保护：防止慢波系统电流过大而烧坏慢波系统结构，导致行波管失效。当慢波系统电流超过规定值时，保护装置应立即切断行波管全部高压电源。

②收集极温度监测保护：当收集极工作温度高于最高允许工作温度时，应切断全部高压，以保护行波管。

③大功率行波管由于输出功率较大，如果负载失配引起的反射功率也可能很大，造成行波管损坏。当反向功率超过规定值时，应立即切断高压，以保护行波管。

4.1.2.3　大功率脉冲调制器

脉冲调制器用来产生调制脉冲，以控制射频振荡器的工作。对单级振荡式发射机的射频振荡器来说，几乎都采用阳极调制，需要调制器输出大功率的调制脉冲。因此，本节只讨论产生大功率调制脉冲的原理。

（1）概述

脉冲调制器有多种类型。但各类调制器中普遍存在的中心问题是相同的，都是如何利用平均功率较小的电源来产生脉冲功率较大的调制脉冲，因而它们的组成部分和工作过程基本相同。

a. 脉冲调制器的组成及原理

脉冲调制器主要由调制开关、储能元件、隔离元件和充电旁通元件等四部分组成，如图 4 - 18 所示。

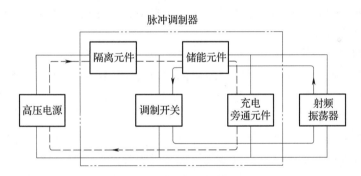

图 4 - 18　脉冲调制器组成原理框图

脉冲调制器的工作过程可分充电和放电两个阶段，这两个阶段的转换，由调制开关控制。在调制开关断开期间，高压电源通过隔离元件和充电旁通元件向储能元件充电（充电回路如图中虚线所示），使储能元件储存电能；在调制开关接通的短暂时间内，储能元件通过调制开关向射频振荡器放电（放电回路如图中实线所示），使其产生大功率的射频振荡。

储能元件一般为电容器或仿真线。它的作用是在较长的时间内从高压电源获取能量，并不断地储存起来，而在短暂的脉冲期间把能量集中地转交给振荡器。有了储能元件，高压电源就可以在整个脉冲间歇期间细水长流地供给能量，其功率容量和体积可以大为减小。

调制开关有真空管、闸流管、旋转火花放电器及可控硅等几种。它的作用是在短暂的时间内接通储能元件的放电回路，以形成调制脉冲。

隔离元件有电阻和铁芯电感器两种。它的作用有二：一是控制充电电流的变化，使储能元件按照一定的方式进行充电；二是把高压电源同调制开关隔开，避免在调制开关接通时高压电源过载。

充电旁通元件一般为电阻或电感器。它的作用是构成储能元件的充电回路。在储能元件放电时，它所呈现的阻抗比振荡器的内阻大得多，对放电电流基本上没有影响。

b. 脉冲调制器的类型

根据调制开关的不同，脉冲调制器可分为以下三类。

①离子开关调制器

离子开关调制器又称为线性调制器，它用闸流管离子器件作为调制开关，其优点是能通过的电流大，内阻小。所以离子开关调制器具有功率大、效率高的优点。

由于离子器件的通和断，即电离和消电离都需要一定的时间，开关性能较差，因而这种调制器常采用仿真线作储能元件，借以控制脉冲的宽度。为此，离子开关调制器又称为仿真线 "软性" 开关调制器。

离子开关的缺点是不能立即通断，并且通断的时机容易受温度、气压的影响，性能不够稳定。

②电子开关调制器

电子开关调制器以真空管作为调制开关，以电容器作为储能元件。这种调制器又称为电容器刚性开关调制器。"刚性" 是对开关性能的描述，因为真空管的导电和截止，能严格地受激励脉冲的控制，转换非常迅速。正由于真空管具有较好的开关性能，因而调制脉冲的宽度基本上由激励脉冲决定。

电子开关调制器的优点是调制开关的通断迅速，工作稳定（不受温度、气压的形响），能产生波形较好的调制脉冲，缺点是真空管的内阻较大，调制器的效率较低，输出功率较小，并且需要有产生激励脉冲的激励器。

③可控硅开关调制器

可控硅具有和闸流管相似的特性，所以有时也称为固态闸流管，它可以代替闸流管作调制开关组成可控硅开关调制器，其作用原理与闸流管开关调制器类同。由于它不需要灯丝电源设备，因此重量人为减轻，体积也更为紧凑，这是它的优点。目前可控硅的通断还不够迅速，耐压尚不够高，过载能力较差，这些都是它不足之处。

（2）线性调制器

a. 基本组成及工作原理

线性调制器的具体电路虽然具有多种形式，但其基本工作原理都是相同的。现以图 4 - 19（a）所示的基本电路来说明其基本原理。

图中闸流管 G 为调制开关，仿真线为储能元件，电感 L 为隔离元件，脉冲变压器除了起充电旁通元件的作用外，主要是变换负载（振荡器）的阻抗，使仿真线放电期间有匹配负载。

调制器产生高压调制脉冲，是在闸流管开关的控制下，由仿真线的充电和放电的两个阶段来完成的。触发脉冲输入前，闸流管处于截止状态，高压电源经充电电感 L 和脉冲变压器初级向仿真线充电。由于充电电感 L 很大，充电电流变化缓慢，脉冲变压器的初级绕组和仿真线中的各线圈都相当于短路，所以研究充电问题时，可以认为充电电路只是由充电电感 L 和仿真线总电容 $C_{仿}$ 组成的串联电路。在充电过程中，仿真线两端电压逐渐升高，如图 4－19（b）所示。

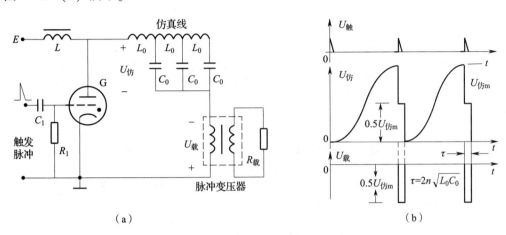

（a）　　　　　　　　　　　　　　　　　（b）

图 4－19　线性调制器的基本电路及工作波形

当仿真线上电压上升到最大值 U_m 时，正的触发脉冲输入，闸流管导电，仿真线经闸流管和脉冲变压器初级放电。在放电期间，闸流管相当于短路，仿真线相当于一个内阻等于其特性阻抗的电源。当脉冲变压器初级的等效负载阻抗（由次级的负载阻抗折合而来）与仿真线的特性阻抗相等时，等效负载阻抗上得到一个幅度等于仿真线最大电压的二分之一、宽度等于 $2n\sqrt{L_0C_0}$（n 为仿真线节数）的矩形调制脉冲；这一脉冲电压经脉冲变压器升压后加射频振荡器。

仿真线放电完毕后，闸流管因阳压下降为零而截止，电源又经充电电感向仿真线充电，重复上述过程。可见用闸流管作调制开关时，调制脉冲的宽度由仿真线决定，重复频率由触发脉冲决定。

下面我们就来进一步研究仿真线是怎样充电的？它放电为什么能够形成宽度为 $2n\sqrt{L_0C_0}$ 的调制脉冲？闸流管又是怎样起控制作用的？调制器在实际工作中还需要在基本电路的基础上增加一些什么附属电路？

b. 仿真线的充电

仿真线的充电电源有直流和交流两种。目前最常用的是直流电源，下面对直流电源的充电情况进行讨论。

仿真线的充电和放电是紧密相连的，充电后紧接着放电，放电后又重新被充电。为便于循序渐进地研究问题，我们首先研究不考虑放电时的充电，然后再研究考虑放电时的充电。

①不考虑放电时的充电过程

不考虑放电时的充电，是指调制开关始终不接通时，仿真线的充电情况。其充电等效电路和仿真线电压、电路中电流的波形，如图 4－20 所示。

由于充电电路实际上是一个接有直流电源的振荡回路，因而仿真线上电压和电路中电流是按振荡规律变化的。在不考虑损耗、仿真线上初始电压为零及流过充电电感的初始电

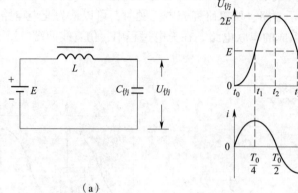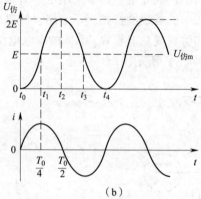

(a)　　　　　　　　　　　　　　　　　　(b)

图4-20　充电等效电路和仿真线电压、电路中电流的波形

流为零的条件下，仿真线上电压由两个分量合成：一个是电源电压；另一个是振幅同由电源电压相等的负余弦振荡电压，即

$$U_{仿} = E - E\cos \omega_0 t = E\left(1 - \cos \frac{2\pi}{T_0}t\right) \qquad (4-3)$$

电路中电流按正弦规律变化，即

$$i = \frac{E}{\rho}\sin \omega_0 t = \frac{E}{\rho}\sin \frac{2\pi}{T_0}t \qquad (4-4)$$

式中：ω_0——充电回路的谐振角频率，$\omega_0 = \dfrac{2\pi}{T_0} = 1/\sqrt{LC}$；

　　　T_0——充电回路的振荡周期；

　　　ρ——回路的特性阻抗，$\rho = \sqrt{LC}$。

从公式可以看出，仿真线充得的最高电压 $U_{仿m}$ 为

$$U_{仿m} = 2E \qquad (4-5)$$

实际上电源和铁芯电感总是有损耗的，考虑损耗时，仿真线上所充的最大电压将不是 $2E$，而是 $(1.8 \sim 1.9) E$。

事实上调制器的充电，不会像上述情况那样持续下去，因为向仿真线充电的目的，是为了要它放电形成脉冲，而仿真线放电后才能为再次充电提供条件。根据放电时机不同，仿真线的直流充电可分为以下三种情况：

（a）直流谐振充电，它的放电重复周期 T_r 为充电电路振荡周期 T_0 的一半，即 $T_r = T_0/2$；

（b）直流线性充电，它的放电重复周期小于振荡周期的一半，即 $T_r < T_0/2$；

（c）直流振荡充电，它的放电重复周期大于振荡周期的一半，即 $T_r > T_0/2$。

通常线性调制器采用谐振充电，因此我们只讨论谐振充电情况。

②直流谐振充电

谐振充电时，电压、电流波形如图4-21所示。

从 t_0 开始，仿真线电压和充电电流都从零开始按照前述的振荡规律变化，经过半个振荡周期，仿真线电压恰好升到最大值 $U_{仿m} = 2E$，而 i 则恰好为零。这时触发脉冲使闸流管开关接通，仿真线放电，在等效负载两端形成一个幅度为 $U_{仿m}/2 = E$ 的矩形脉冲。由于闸

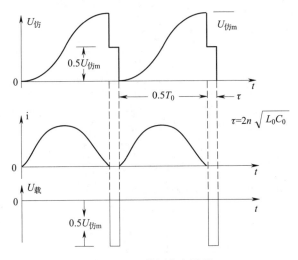

图 4 - 21　谐振充电波形

流管开关只有在仿真线放电完毕后才断开，同时电感中电流在放电期间不能突变，因此电路再次充电时，$U_{仿}$ 与 i 仍从零开始上升，其波形和第一次充电完全一样。

谐振充电的优点是：一是放电时充电电流为零，也就是电源没有电流通过调制开关，因而调制开关的损耗较小，负担较轻；二是仿真线电压在最大值附近变化不大，如果放电重复周期稍有不稳，调制脉冲的幅度不致有明显变化。缺点是：要改变重复周期时，必须同时改变充电电感，才能满足 $T_r = T_0/2$ 的谐振充电条件。

为减轻该缺点，可在充电电路中加装隔离二极管，如图 4 - 22 所示。使放电重复周期大于振荡周期的一半，这时的充电波形如图中所示。由于二极管不能反向导电，所以当仿真线电压充电到最大值后就保持不变，充电电流也保持为零。采用隔离二极管的优点是，只要保证重复周期大于振荡周期的一半，重复周期的改变就不影响仿真线放电电压的大小。缺点是二极管要消耗能量。

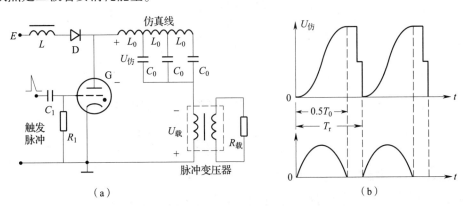

图 4 - 22　有隔离二极管的充电电路和工作波形

c. 仿真线的放电

① 仿真线的结构和特性

仿真线是用集中参数的电感、电容代替传输线的分布电感、分布电容而做成的线段。常用的仿真线如图 4 - 23 所示，它由数节 L、C 电路连接而成。

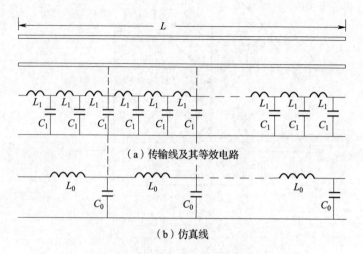

（a）传输线及其等效电路

（b）仿真线

图 4-23　仿真线与传输线的等效电路

　　仿真线是根据传输线的等效电路仿造而成的，它具有和传输线相同的特性。如以节数 n 的仿真线来代替长度为 l 的传输线段时，若传输线单位长度的分布电感为 L_1，单位长度的分布电容为 C_1，则长度为 l 的传输线段的总电感为 nL_1，总电容为 nC_1；仿真线每节电感为 L_0，电容为 C_0，则 n 节总电感为 nL_0，总电容为 nC_0。因为要用仿真线代替传输线段，所以两者的总电感、总电容必须相等。

　　下面用对比的方法，并结合上式的关系，说明仿真线的特性。

　　（a）特性阻抗

　　传输线的特性阻抗与它本身的分布电感和电容有关，其表示式如下

$$Z_0 = \sqrt{\frac{L_1}{C_1}} \tag{4-6}$$

　　仿真线的特性阻抗公式，是

$$Z_0 = \sqrt{\frac{L_1}{C_1}} = \sqrt{\frac{lL_1}{lC_1}} = \sqrt{\frac{nL_0}{nC_0}} = \sqrt{\frac{L_0}{C_0}} \tag{4-7}$$

　　（b）传播时间

　　传输线上电波传播速度为 $v = \dfrac{l}{\sqrt{L_1C_1}}$，电波在长度为 l 的传输线上的传播时间为

$$t = \frac{l}{v} = l \cdot \sqrt{L_1C_1} \tag{4-8}$$

　　仿真线上电波传播时间的公式，是

$$t = l\sqrt{L_1C_1} = \sqrt{lL_1lC_1} = \sqrt{nL_0nC_0} = n\sqrt{L_0C_0} \tag{4-9}$$

　　电波在仿真线上传播要一定时间，这一特性是仿真线用来延时或形成脉冲的主要依据。当然传输线也可以用来延时和形成脉冲，但它的分布电感、分布电容 C 都很小，要使延迟时间很长时，传输线的长度 l 必须很长。例如，要延时 $1\mu s$，传输线（介质为空气）就要长达 $300m$，显然是不适用的。而用仿真线来延迟 $1\mu s$ 的时间，只需要 10 节左右的仿真线就够了。所以在实用中均以仿真线延时或形成脉冲。

②仿真线放电形成脉冲的原理

（a）开路传输线放电形成脉冲

图 4 - 24（a）为直流电源 E，向长度为 l、特性阻抗为 Z_0 的开路线充电，经过一定时间后，整个传输线上各点的电压均充到 E。然后在某一瞬间（$t = 0$），用开关将传输线接到负载 R 上去，当负载电阻 $R = Z_0$ 时，传输线放电，可在负载电阻上得到一个幅度为 $E/2$、宽度为 $2l\sqrt{L_1C_1}$ 的矩形脉冲。其具体过程说明如下。

$t = 0$ 时，开关刚接通，传输线开始放电。根据等效电源定理，可将传输线向负载放电，等效成一个电源电压为 E、内阻为特性阻抗 Z_0 的电路。这是因为，传输线的开路电压为 E，所以等效电压也为 E；开关接到负载后，传输线要向负载放电。使线上各点电压依次降低，这就相当于一个负的电压行波，由负载端向开路端传输所造成的结果，此负电压行波在传播过程中，所遇到的阻抗是传输线的特性阻抗，故传输线的等效内阻应为特性阻抗 Z_0。

从图 4 - 24（b）的等效电路可以看出，因为 $R = Z_0$，根据分压关系，R 和 Z_0 上的电压都为 $E/2$。即在 $t = 0$ 的瞬间，R 上的电压突然由零升到 $u = E/2$，传输线输入端的电压突然由 E 下降到 $E/2$。此时负载两端的电压就是传输线输入端的电压。

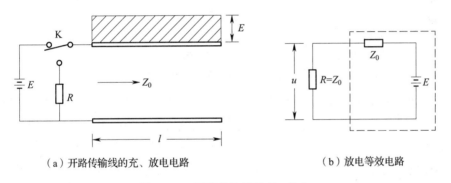

（a）开路传输线的充、放电电路　　　　（b）放电等效电路

图 4 - 24　开路传输线的充、放电

$t = 0$ 时刻以后：传输线继续放电，线上电压依次下降到 $E/2$。这说明是（$-E/2$）这个电压行波，在向开路端传播过程中，依次将线上原有电压 E 抵消一半的结果，如图 4 - 25（b）所示。但负载 R 两端电压仍然不变，即 $u = E/2$。

$t = l\sqrt{L_1C_1}$ 时：电压行波传到末端，使全线上的电压都下降为 $E/2$，如图 4 - 25（c）所示。

$t = l\sqrt{L_1C_1}$ 以后：由于传输线末端开路，（$-E/2$）在末端全反射，反射波电压仍为（$-E/2$）。在反射波（$-E/2$）向负载端传播过程中，线上电压从后到前依次抵消为零，如图 4 - 25（d）所示。但反射波未到负载端之前，R 上电压保持为 $u = E/2$。

$t = 2l\sqrt{L_1C_1}$ 时：反射行波（$-E/2$）已传到负载端，由于 $R = Z_0$，将反射行波传来的能量全部吸收，不产生反射，使全线电压都变为零。此时负载 R 上的电压也由 $E/2$ 突降为 0。脉冲形成的过程就结束了。

从以上讨论可知：当线上所充电压为 E 且 $R = Z_0$ 时，传输线的放电，相当于电压行波（$-E/2$）在线上往返一次，依次和线上电压抵消的结果。

放电时，负载两端可得到一个幅度为 $E/2$、宽度为 $2l\sqrt{L_1C_1}$ 的矩形脉冲。

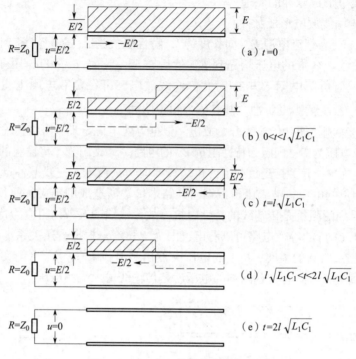

图 4 – 25 $R = Z_0$ 传输线的放电过程

（b）仿真线放电形成脉冲的特点

由于仿真线的基本特性和传输线是一致的，因此讨论传输线形成脉冲的原理所得的结论，对于仿真线形成脉冲来说也是适用的。具体地说，在 $R = Z_0$ 时，用仿真线所形成的脉冲，其幅度仍为线上所充电压的一半，脉冲宽度为 $2n\sqrt{L_1 C_1}$，即

$$u = E/2 \tag{4 – 10}$$

$$\tau = 2n\sqrt{L_1 C_1} \tag{4 – 11}$$

但是仿真线和传输线毕竟是有区别的，传输线是由数值很小的分布电容、电感组成；仿真线是由数值较大的电感、电容组成。由于仿真线的电感、电容较大，电感中的电流与电容两端电压变化都比较缓慢，所以仿真线形成的脉冲前、后沿都不够陡直，有一定的上升和下降时间。另外，由于电感、电容产生的寄生振荡，脉冲顶部还会有一定的起伏。如图 4 – 26 所示，实线表示仿真线形成的脉冲，虚线表示传输线所形成的脉冲。

③ $R \neq Z_0$ 时仿真线的放电

用仿真线形成脉冲时，必须使负载电阻 $R = Z_0$ 才能得到良好的矩形脉冲。但调制器的负载是射频振荡器，振荡管的灯丝电压不稳、振荡管的衰老、振荡器"打火"等都会使其呈现的阻抗发生变化，因此有可能出现 $R \neq Z_0$ 的情况。

在 $R < Z_0$ 和 $R > Z_0$ 时仿真线的放电波形如图 4 – 27 所示（可自行分析）。

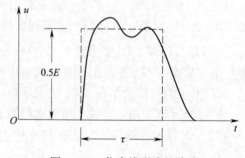

图 4 – 26   仿真线形成的脉冲

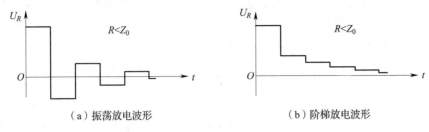

（a）振荡放电波形　　　　　　　　（b）阶梯放电波形

图 4 – 27　$R < Z_0$ 和 $R > Z_0$ 时仿真线的放电波形

从图中可见，在 $R < Z_0$ 时仿真线的放电呈振荡波形。由于闸流管不能反向导电，仿真线每次振荡放电后，线上出现的负压无法放掉而被保持下来。这负压的极性是与充电电源一致的，所以在仿真线再次充电时充电电流较大，仿真线电压升得较高。如此积累下去，仿真线电压越来越高，造成"过充电"现象，有可能将储能电容器或其他有关电路元件击穿。

下面以 $T_r = T_0/2$、直流谐振充电为例，说明 $R < Z_0$ 出现的过充电过程，然后说明消除过充电电路的结构和功用。

过充电的暂态过程如图 4 – 28 所示。仿真线在第一个重复周期充电时，起始电压、电流均为零，充电电路的响应是零态响应，因此，$t = T_r = T_0/2$ 时，仿真线被充上最高电压 $U_{c1} = 2E$。放电形成脉冲时，由于 $R < Z_0$，仿真线呈振荡型放电，但只能进行首次放电。

在首次放电末了，仿真线将充上负值电压 U_{01} 为

$$U_{01} = \frac{R - Z_0}{R + Z_0} U_{c1} = \Gamma \cdot U_{c1} \tag{4-12}$$

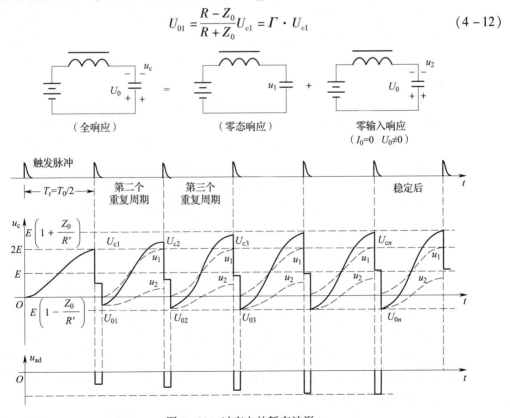

图 4 – 28　过充电的暂态波形

式中，Γ 为仿真线负载端的反射系数。第二个重复周期充电的起始电压为 U_{01}、起始电流 $I_0 = 0$，充电电路的响应是全响应，仿真线电压 u_c 是零态响应电压 u_1 和零输入响应电压 u_2 之和，如图 4 – 28 所示。在 $t = 2T_r$ 时，仿真线电压 U_{c2} 为

$$U_{c2} = U_{c1} + (-U_{01}) = 2E - U_{01} = 2E - \frac{R - Z_0}{R + Z_0}U_{c1} \tag{4 – 13}$$

由于 $U_{c2} > U_{c1}$，因此，第二次放电时输出脉冲的幅度 $|U_{ad2}|$ 和反向电压的幅度 $|U_{o2}|$ 都要比第一次放电时大一些。显然随着充放电次数的增加，u_c 的最大值和输出脉冲的幅度愈来愈大，这一现象就是"过充电"现象。但由于每次放电后，u_c 增加的绝对值是减小的，即

$$|U_{02} - U_{01}| = |\Gamma U_{c2} - \Gamma U_{c1}| = |\Gamma(U_{c1} - U_{01}) - \Gamma U_{c1}| = |-\Gamma U_{01}| < |U_{01}| \tag{4 – 14}$$

因此，U_c 最大幅度的增加愈来愈慢，最后将在第 n 周时达到稳定。稳定后 u_c 的最大值可根据稳定条件求出。

设 U_{cn} 和 $U_{c(n+1)}$ 分别为第 n 次和第 $(n+1)$ 次充电末了时的仿真线电压，则

$$U_{c(n+1)} = 2E - U_{cn}\frac{R - Z_0}{R + Z_0} \tag{4 – 15}$$

因为稳定后 $U_{c(n+1)}$ 应和 U_{cn} 相等，因此

$$U_{cn} = E\left(1 + \frac{Z_0}{R}\right) \tag{4 – 16}$$

由上式可以看出，在电路不匹配的程度比较轻时，仿真线放电电压的数值增加不多。但当振荡器连续"打火"使等效阻抗 R' 大为降低时，仿真线会充上很高的电压。例如，若等效负载阻抗减小到仿真线特性阻抗的五分之一（即 $Z_0/R = 5$）时，仿真线电压将达 $6E$，这样高的电压会使有关电路元件损坏的。因此在线性调制器中应设置消除仿真线上负向电压的电路。

消除仿真线上负向电压的电路称为消除过充电电路，它由二极管和限流电阻串联后并接在闸流管两端而成。当仿真线上出现负向电压时，二极管导电，构成仿真线的反向放电通路，在消除过充电电路中出现泄放电流，使负向电压迅速消失，从而消除了仿真线上过充电现象的发生。仿真线充电时，二极管不导电，故对仿真线的正常充电没有影响。

此外，当振荡管衰老时，会出现等效负载 $R > Z_0$ 的情况。由于 $R > Z_0$，仿真线将形成阶梯型放电。它将使闸流管导电后长时间不能截止，以致有使充电电源和闸流管过载而损坏的危险。为了防止这种现象发生，常使仿真线稍为偏离匹配而工作于振荡型放电状态。由于调制器中已设置了消除过充电电路，故不会影响调制器的正常工作。

d. 线性调制器实际电路举例

图 4 – 29 为闸流管开关调制器电路。电路中，CR_1 为隔离二极管，用来保证仿真线充电到最大值之后保持不变；L_3 电感用来隔离杂散电容对仿真线放电的影响；V_1 为闸流管开关；CR_2 支路并联在闸流管两端，用来消除"过充电"问题。

R_2、C_2（1000PF）用来消除调制脉冲前沿由于阻抗不匹配形成过高的尖峰，其中 R_2 阻值略大于仿真线的特性阻抗；CR_3 为脉冲后沿反峰阻尼二极管，用来消除分布电容在调制脉冲后沿放电造成的反峰拖尾。

R_3、C_3 为磁控管平均工作电流监测电路，用来将磁控管工作时的阴极脉冲电流滤波，

输出直流电压反映磁控管工作电流的大小。

如将图中的闸流管换成可控硅，则可构成可控硅开关调制器。

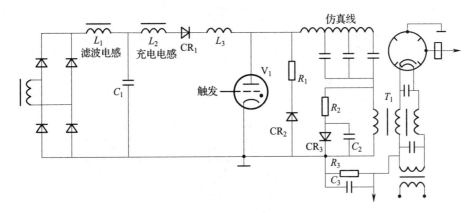

图 4 – 29　闸流管开关调制器电路

4.2　雷达接收机

雷达发射机送到天线发射出去的脉冲能量虽然很强，但由于电磁波在空间传播过程中的扩散作用，从远距离目标反射回来被天线接收的能量却是很微弱的，通常只有百分之几皮（微微，即 $\mu\mu \rightarrow p = 10^{-12}$）瓦（电压为几微伏）。为了满足对回波信号进行显示和信号处理的要求，需要对回波信号进行充分放大和变换，这个任务就是由雷达接收机来完成的。

4.2.1　雷达接收机的功能及组成

4.2.1.1　功能

雷达接收机的任务，是将天线接收到的微弱的高频回波信号，加以放大并变换成视频信号，送到显示器或其他雷达终端设备。

雷达接收机一般均采用超外差式电路。这种电路的主要特点在于它利用本机振荡器产生的信号与回波信号差频，得到中频信号，然后再将中频信号进行充分放大。因为放大频率较低的中频信号比放大频率很高的射频信号要容易得多。

4.2.1.2　组成

雷达接收机的基本组成框图如图 4 – 30 所示。

射频放大器：将射频脉冲回波信号进行直接放大，并尽量减小本身的噪声。射频放大器的作用主要是提高接收机的灵敏度。

在机载雷达中，通常采用微波固态放大器作为接收机的射频放大器。

变频器：由混频器和本机振荡器组成，它的作用是将回波信号从高频变换成为中频。

本机振荡器产生连续的本地振荡信号送到混频器，与由射频放大器送来的射频回波信号混频，得到中频信号，送到中频放大器进行充分放大。中频信号的频率等于本振频率和射频回波信号频率的差值。

由于中频放大器的中心频率和带宽是固定的，因此混频后得到的回波中频信号应在中频放大器的带宽之内，这样才能保证对回波信号进行充分放大。为了保证这一点，对本振振荡频率的稳定性具有较高的要求。

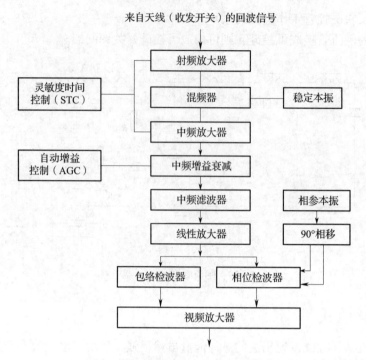

图 4 – 30　雷达接收机的基本组成框图

对相参雷达来讲，本振信号与发射信号频率是由具有高频率稳定度的同一微波信号源（频率综合器）产生，因此能够保证混频后的回波信号频率在中放频带之内；对非相参的早期普通雷达来讲，发射信号和本振信号由不同的信号源产生，且发射信号的频率稳定性不高，为了保证混频后回波信号频率始终能处在接收机通带之内，需要设置专门的自动频率微调电路（AFC）控制本振频率跟随发射信号频率变化，来保持本振频率与发射信号频率之间正确的频率间隔，从而保证对回波信号进行充分的放大。

中频放大器：用来放大中频回波信号，它的级数较多，一般有 5~9 级，因此放大倍数很高。雷达接收机放大回波信号的任务，主要由它完成。

增益控制：为了保证对雷达回波信号进行有效的放大，需对接收机的增益进行控制，通常设有灵敏度时间增益控制（STC）、接收机杂波（噪声电平）自动增益控制及回波自动增益控制（AGC）等。

灵敏度时间增益控制使接收机的增益在发射机发射射频脉冲之后，按 R^4 规律随时间而增加，以避免近距离的强回波使接收机过载饱和。灵敏度时间控制又称为近程增益控制。

检波器：用来将中频脉冲回波信号变换为视频脉冲信号。通常有采用包络检波器或相位检波器实现这种变换。

包络检波器用来将中频脉冲的包络检出，输出的视频回波脉冲只保留了幅度信息；相位检波器（又称为同步检波器）输出的视频回波脉冲则不仅保留回波信号的幅度信息，还保留了回波信号的相位信息。

视频放大器：用来无失真地将视频回波脉冲信号放大到显示器或终端设备信号处理所需要的程度。

依据雷达体制的不同，雷达接收机系统有单通道和多通道之分，即多通道接收机有多路接收机放大变换通道，各通道电路组成及作用基本相同，用来放大变换天线接收的经过处理的各种回波信号（如反映目标角位置信息的回波信号）。

另外，现代雷达对回波信号进行检测大多采用数字化处理，因此现代雷达接收机在视频放大器之后，加入 A/D 转换电路，对接收机输出的视频回波信号进行模/数变换，将各距离上的回波信号幅度变换为二进制数据，送到雷达信号处理机中。

4.2.2　雷达接收机的工作原理

接收机的工作原理主要介绍接收机重要组成部分的混频器、高放、中放、AGC、AFC、STC 以及检波视放的工作过程。

4.2.2.1　混频器

混频器的作用是把高频回波信号同本振信号进行混频，输出中频回波信号。中频信号的包络形状和高频信号的一样，只是信号的载波频率由高频降为中频。中频信号的频谱与高频信号的频谱形状也相同，只是各个分量的频率都降低一定的数值，相当于"整个频谱"在频率轴上向左移了一定位置。

雷达接收机为什么要进行频率变换呢？这是因为高频放大器的放大量有限，要想把微弱的回波信号放大到足够大，需要许多级高放才行，这在技术上实现难度较大，且工作不易稳定。那么，将信号直接进行检波，然后用视频放大器放大信号行不行呢？也不行，因为雷达的回波信号很微弱，直接进行检波，则检波效率很低，对信噪比很不利，使接收机的灵敏度很低。因此雷达接收机都采用有变频电路的超外差式电路。这种电路的特点就是利用变频电路，将高频回波信号变换成频率较低的中频回波信号，然后再利用多级固定调谐的中频放大器对中频回波信号进行充分放大。这样既能保证接收机获得较高的灵敏度和足够的放大量，又能稳定地工作。

变频电路包括本机振荡器和混频器两部分，其组成框图如图 4 - 31 所示。本机振荡器产生等幅、连续的本机振荡信号，它的频率可以调整，以保证同高频信号的频率相差一个固定值（中频）。混频器由非线性元件和中频调谐回路（选频回路）组成，其中非线性元件能够产生由本振频率及高频信号频率所决定的各种频率分量。中频调谐回路则把中频分量从各种频率分量中选取出来。

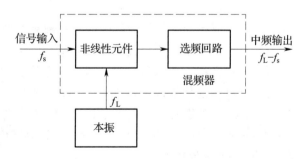

图 4 - 31　变频电路组成框图

在现代雷达接收机中，为了减少组合频率干扰，提高抗干扰能力，常常采用二次变频的措施。即先用第一混频器将高频回波信号变换成频率较高的第一中频信号，然后再用第二混频器将频率较高的第一中频信号变换为频率较低的第二中频信号。第二混频器的工作频率较低，故可用模拟集成电路（模拟乘法器）来构成第二混频器。这种电路的优点是变频增益高、组合频率分量少、要求的本振信号幅度低、信号和本振的相互隔离性好等。

雷达接收机中微波混频器电路的结构形式有波导形、同轴线形及微带形。在各种结构形式的混频器中，通常可分为单端式混频器、平衡混频器和双平衡混频器三类。

在分米波及厘米波雷达接收机中普遍使用晶体二极管作为微波混频器的非线性元件，称为晶体混频器。

4.2.2.2　高放、中放及增益控制

（1）高放（高增益、低噪声射频放大器）

高频放大器用来放大天线接收的射频回波信号，它的工作频率决定于雷达的工作频率。

在雷达接收机中采用高放的目的是降低接收机的噪声系数，提高接收机的灵敏度。对高放的主要要求是低噪声、高增益及工作稳定。

不同工作频率的雷达接收机中所采用的高放类型有很大区别，通常有电子管高放、行波管高放、晶体管高放及微波低噪声放大器（如参量放大器（简称参放）、隧道二极管放大器等）。

参量放大器是一种利用谐振回路中电抗元件的参数变化（如电容或电感）随时间作周期性变化，使高频信号得到放大。电抗元件参数的变化是参量放大电路中的交流泵浦源激励而产生的。参量放大器具有噪声小、功率增益高的特点，因此可作为雷达接收机的高放。但由于其电路结构复杂且成本昂贵，故使用较少。

近年来出现了很多适用于雷达接收机的新型低噪声高频器件。最具代表性的有以下三种：①超低噪声的非制冷参量放大器；②低噪声晶体（硅双极晶体管和砷化镓场效应管）放大器；③微波单片集成（MMIC）接收模块。

超低噪声的非制冷参量放大器近年来在改进非制冷参放噪声性能方面采用的关键技术是采用了以下器件或设计工艺：超高品质因素（高截止频率）、极低分布电容的砷化镓变容二极管；极低损耗的波导形环行器；高稳定的毫米波固态泵浦源 $f_p = 50 \sim 100\text{GHz}$，以及高效率的热电冷却器、新的微带线路结构和微波集成电路的优化设计及先进工艺。因此，非制冷参放的噪声温度已非常接近制冷参放，而且结构精巧，性能稳定，全固态化。

低噪声砷化镓场效应管和硅双极晶体管放大器的研制已取得了新的进展，在电路的设计和工艺结构上进行了革新，采用了计算机辅助设计、精巧的微带线工艺及多级组件式结构。这样，使它们的低噪声性能仅次于参量放大器，并已在实用中逐步取代行波管高放和隧道二极管放大器。低噪声晶体管放大器在高于 3GHz 的频率，采用砷化镓场效应管高放。目前在 $0.5 \sim 15\text{GHz}$ 频率范围噪声系数为 $1 \sim 5\text{dB}$，单级增益为 $6 \sim 12\text{dB}$。

微波单片集成接收模块在砷化镓单片上包含有完整的接收机高频电路，即衰减器、环行器、移相器和多级低噪声高频放大器等。

对于雷达接收机中的高放来说，由于放大电路的工作频率在微波波段，因此电路采用分布参数元件，电路大都采用微带线路。电路结构也采用模块化结构以保证工作的稳定性。

（2）中频放大器

中频放大器的任务是把混频器输出的中频信号不失真地进行放大，使之达到检波器正

常工作所需要的幅度。

应该指出，"中频"是一个相对概念。雷达接收机的中频一般选在 10 ～ 100MHz 之间（通常选用 30MHz、60MHz 等）。

雷达接收机的中频放大器具有以下主要特点：

①频带较宽。由于中频信号是矩形脉冲调制的中频信号，其频谱分布较宽。因此要不失真地放大信号，一般采用 LC 作负载的调谐放大器，并保证较宽的通频带。

②信号线性放大。由于接收机所用的调谐放大器要求电压增益高和波形失真小，而不考虑功率和效率，因此放大器必须工作于小信号甲类状态。

③多级放大。雷达接收机信号的放大主要由中放来完成，因此其电压增益较大，需采用多级放大器。

（3）接收机增益控制

a. 自动增益控制（AGC）

自动增益控制是利用接收机输出信号（或噪声）电平的大小，产生相应的增益控制电压（或控制信号），对中放的增益进行自动控制。

图 4-32 示出了一种简单的 AGC 电路框图，它由一级峰值检波器和低通滤波器组成。接收机输出的视频脉冲信号经过峰值检波，再经低通滤波器滤除高频分量之后，就得到自动增益控制电压 U_{AGC}，将它加到被控的中频放大器，就完成了增益的自动控制。当输入信号增大时，接收机输出的视频脉冲信号幅度随之增大，使得增益控制电压增加，从而使受控中放的增益降低；反之当输入信号减小时，控制调整过程正好相反。因此自动增益控制电路是一个负反馈控制系统。

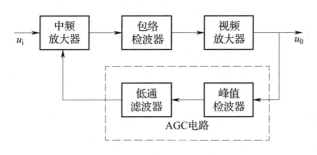

图 4-32　AGC 电路组成框图

利用 AGC 系统可以对雷达单目标跟踪状态下的接收机增益进行控制，保证输出的回波信号幅度稳定，与目标的距离远近、目标的反射面积变化无关，从而使雷达天线精确地跟踪目标的角度位置。这种 AGC 控制称为脉冲自动增益控制。也可利用 AGC 系统对雷达接收机输出的噪声电平进行控制，从而避免由于电源电压不稳、晶体管及电路参数的变化，可能引起的接收机增益不稳定。这种 AGC 控制称为杂波自动增益控制。

自动增益控制电压 U_{AGC} 对接收机增益控制的实现方法有两种：一种是改变受控级晶体管的直流工作状态，以改变晶体管的正向传输导纳；另一种是利用晶体二极管的变阻特性，将变阻二极管并联在受控级的负载回路上，控制变阻二极管使负载电阻改变，从而达到改变受控级增益的目的。另外还可利用压控变阻元件的压控变阻特性，组成各种电控衰减器，并接在接收机电路中，也可实现增益控制的目的。

b. 瞬时自动增益控制（IAGC）

瞬时自动增益控制主要用来抑制幅度过强的宽脉冲干扰信号。这种信号，可能是由海浪、地物或云层的强烈反射而引起的，也可能是敌方施放干扰引起的。如果不对这种干扰信号加以抑制，就会造成接收机过载不能正常工作。

瞬时自动增益控制的基本原理是：利用放大器输出的信号电压检波后作为控制电压，反过来控制放大器的增益。这样，信号幅度越大，放大器的增益越小；强信号消失之后，放大器增益恢复正常，因而放大器不会过载。

瞬时自动增益控制电路的组成原理框图如图 4 – 33 所示，它由控制电压检波器、控制电压放大器和小时间常数滤波器所组成。控制电压检波器将中频放大器输出的中频干扰电压检波变换成视频脉冲输出。控制电压放大器用来对检波输出的脉冲进行放大，以便得到足够的控制电压。而小时间常数滤波电路用来对脉冲进行滤波，输出控制电压。

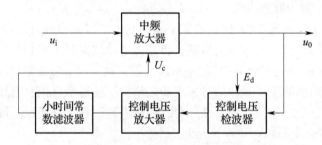

图 4 – 33　瞬时自动增益控制电路组成原理框图

为了使控制电压既能够瞬时地随着干扰电压的变化而化，又不会引起信号波形的严重失真。因此，小时间常数电路的时间常数选择，既要保证在目标信号脉冲的持续时间内使控制电压来不及建立起来，同时又要保证在干扰电压的持续时间（宽脉冲）内，能够迅速地建立起控制电压。

为了使弱信号的增益不受影响可以在检波器加一延迟控制电压，使得只有幅度超过延迟电压的信号才检波输出。这样当输入信号电压小于延迟电压时，没有控制电压加到受控级去，从而保证了对弱信号的正常放大。

c. 近程增益控制（灵敏度时间控制）

雷达接收到的目标回波功率与距离或雷达能量传输时间的 4 次方成反比，因此近距离目标的回波比较强。为了防止近距离回波信号造成接收机过载，雷达接收机需设置近程增益控制电路。

近程增益控制电路又称灵敏度时间控制电路，用来控制接收机对近距离回波信号的放大能力，也就是使接收机的增益在雷达发射射频脉冲信号之后的一段时间内有所降低。STC 使雷达接收机的灵敏度随时间变化，从而使被放大的雷达回波信号强度与距离无关。

近程增益控制电路的基本原理是：在触发脉冲控制下，产生如图 4 – 34 所示的控制信号，送到受控的中频放大器作为增益控制电压，控制接收机的增益按此规律变化，使得近距离接收机的增益随距离增大而增加，逐渐恢复正常。

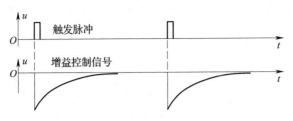

图 4 – 34　灵敏度时间控制信号

灵敏度时间控制对雷达接收机的控制通常在低脉冲重复频率、搜索工作状态下采用。在中、高脉冲重复频率及跟踪状态下，不能使用灵敏度时间控制。

（4）对数放大器

对数放大器是指输出信号幅度与输入信号幅度之间具有对数关系的放大器。对数放大器对不同强弱的输入信号的放大量不同，它对弱信号的放大量大，对强信号的放大量小。因此，它具有较强的抗过载能力。

4.2.2.3　信号检波及视频放大器

对脉冲雷达来说，经过中频放大后的中频回波脉冲信号需要经过检波变换为视频脉冲，再经视频放大器放大后，加到后级电路进行相关处理。

检波器通常采用包络检波器或相位检波器。包络检波器用来将中频脉冲的包络检出，输出的视频回波脉冲只保留了幅度信息；相位检波器（又称为同步检波器）输出的视频回波脉冲则不仅保留回波信号的幅度信息，还保留了回波信号的相位信息。

（1）包络检波器（峰值包络检波器）

包络检波是指检波器输出电压与输入的调制信号的包络成正比的检波方法。其电路由非线性器件及滤波电路组成，利用非线性器件来变换高频调制信号的频谱，使非线性元件的输出电流中出现低频信号的分量，然后利用低通滤波器滤除高频分量，从而输出低频分量。

（2）相位检波器（同步检波器）

相位检波器、同步或相敏检波器和平衡混频器之间的区别有时并不明显，这是由于完成这些功能的模拟电路很相似。但是通常认为，这种独特电路当输出端只有相位信息时是相位检波器，当输出端兼有相位与振幅信息时则作为同步检波器，而当输出端兼有相位、振幅与频率信息时则称为混频器。但这种约定对于多普勒频移则例外。

在雷达接收机中，相位检波通常采用同步检波器，以便同时保留回波信号的幅度信息和相位信息。

（3）视频放大器

视频放大器用来无失真地将视频回波脉冲信号放大到显示器或终端设备信号处理所需要的程度。

视频放大器其放大对象主要是脉冲信号，因此又称为脉冲放大器。由于脉冲信号的频谱较宽，因此视频放大器属于宽频带放大器，通常其频带为几兆赫。

视频放大器的性能主要有电压放大倍数和频带宽度等，而足够的通频带范围是保证脉冲信号不失真放大的前提。因此视频放大器电路中，常采取相应措施以展宽通频带频率的高端和低端频率。如视放级间采用直接耦合以减小耦合电容对脉冲信号放大造成的低频失真；在晶体管发射极加电容负反馈、或集电极加电感补偿和展宽放大器高频端的增益等。

4.2.2.4　本振及自动频率控制电路（AFC）

（1）本振

超外差接收机利用本振和混频器把回波变换成便于滤波和处理的中频信号。在雷达接收机中需使用小功率的微波振荡源，为混频器提供本振信号。

为了保证混频器正常工作，对本机振荡器有如下几点要求：

①本振信号要有足够高的频率稳定度；

②本机振荡器应能输出足够的功率，以保证混频器处于最佳工作状态；

③本机振荡器的噪声要小，波形的频谱纯度高，为单一正弦波信号，以减小对混频器性能的影响。

在厘米波雷达中，早期普通雷达多采用速调管振荡器及半导体微波振荡器（如雪崩二极管振荡器、体效应管振荡器、阶跃恢复二极管倍频器等）。它们的共同特点是简单、重量轻、体积小，可以采用电调谐，并且调谐范围宽。这类振荡器的缺点是频率稳定度不够高。因此，在这种具有独立"载波"频率的脉冲振荡型发射机的雷达中，为了保证与发射频率之间保持正确的频率间隔，接收机中需要采用自动频率控制，使本振的频率始终与发射频率之间相差一个中频频率。

现代雷达由于采用频率合成器作为微波信号源，具有较高的频率稳定度，而且发射信号和本振信号都是由同一微波信号源产生的，二者具有相参性，因此不需要在接收机中采用自动频率控制。这种频率稳定性高的本振也称为稳定本振。

（2）自动频率控制电路（AFC）

自动频率微调（简称自频调）电路用来保证发射机频率同本振频率之差在额定中频附近。

雷达接收机是将高频信号经过变频，变为中频来进行放大的。中频放大器是多级固定调谐的放大器，其中心频率是固定不变的，我们称它为额定中频 f_{I0}。如果雷达发射机的振荡频率和接收机的本振频率都能固定不变，而且它们的差频始终等于 f_{I0}，那么，中频放大器就能有效地放大信号。然而在实际电路中，发射机频率和本振频率都会有所变化。如果变化太大就会影响到中频放大器对信号的正常放大，轻则使信号产生失真，放大倍数减小；重则使信号完全没有输出。

为了在发射机频率或本振频率发生变化时，使它们的差频仍保持在额定中频附近，就需要采用自频调电路。

自频调电路可以控制本振的频率，也可以控制发射机的频率。由于本振的功率小，并且速调管具有电子调谐特性，控制起来比较方便，所以多数是控制本振的频率。

图4-35是常用的自频调电路组成原理框图。它包括截止衰减器、自频调混频器、中频放大器、鉴频器、视频放大器和控制电路等。

截止衰减器用来将发射信号能量耦合一部分加到自频调混频器；自频调混频器用来对发射信号与本振信号进行混频，输出差频信号经中频放大器放大后，加到鉴频器。

鉴频器用来鉴别差频信号频率偏离额定中频的大小和方向，并输出相应幅度的视频脉冲，经视频放大器放大后加到控制电路。

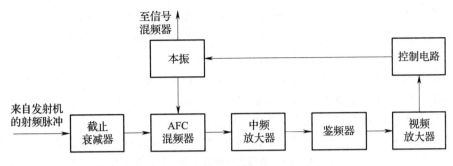

图 4－35　自频调电路组成原理框图

控制电路对输入的视频脉冲进行检波变换为直流，再经过放大器放大变换，输出控制电压，作为本振的控制电压以控制本振的振荡频率。

4.3　T/R 组件的原理特点

T/R 组件是有源相控阵雷达的关键部件。对于有源相控阵天线，一方面要求 T/R 组件具有优良的电性能指标：噪声系数、幅频特性、移相精度、衰减精度和抗烧毁能力、发射功率等；同时还要求体积小、重量轻，幅相一致性好、可靠性高、成本低。

有源相控阵天线中各组件之间的幅度和相位误差会降低阵面总的辐射功率，并引起波束指向精度变坏、影响超低副瓣的指标。所以 T/R 组件间的幅相一致性是很重要的技术要求。

4.3.1　T/R 组件的主要功能

（1）对发射信号进行功率放大

T/R 组件的主要功能是对来自公共发射信号激励源的信号进行放大，这一功能由高功率放大器实现。

各天线单元辐射的雷达探测信号的放大是经过高功率放大器实现的，这是获得要求的雷达发射信号总功率电平的基本方式。由于所有高功率放大器的输入信号均来自同一发射信号激励源，因此，各高功率放大器在放大过程中必须保持严格的相位同步关系。

（2）接收信号的放大和变频

在 T/R 组件接收支路里，限幅器用于保护低噪声放大器以避免发射信号经收发开关泄漏至接收支路而由此造成的损坏。

低噪声放大器用于接收信号的放大。考虑到在低噪声放大器之后至通道接收机之间还存在接收传输线网络等带来的损耗，如功率相加器、实现多波束形成所需要功率分配器及较长的传输线等带来的损耗，因此 T/R 组件中低噪声放大器的增益应适当提高，以便使后面接收部分的噪声温度对整个接收系统噪声的影响降低。

在 T/R 组件的接收支路中一般均有衰减器，该衰减器是用数字控制的，并按二进制改变衰减值。衰减器的作用主要有两个：一是用于调整各 T/R 组件接收支路的增益，调整信号的放大幅度，实现各 T/R 组件输出信号的幅度一致性；二是对接收天线阵实现幅度加权，以降低接收天线的副瓣电平。

（3）实现波束扫描的相移及波束控制

移相器是 T/R 组件中的一个关键功能电路，依靠它可以改变天线波束指向，即实现天线波束的相控扫描。在 T/R 组件中移相器的方案有多种，常用的有开关二极管（PIN）、场效应三极管开关，以及矢量调制器移相器等三种。

移相器是收发公用的，它的安放位置是在第一个收发开关之前。发射时，发射信号先经过移相器，再进入 T/R 组件的发射支路并经多级放大，然后由天线单元辐射出去；接收时，移相器在接收信号经过低噪声放大器之后实现相移。

移相器相移量的改变依靠波束控制器来实现。T/R 组件中的波束控制器包含的波束控制代码运算器、波束控制信号寄存器及驱动器均采用大规模集成电路工艺，设计成专用集成电路（ASIC），以适应降低体积、重量和功耗的要求。T/R 组件中的波束控制信号、衰减器控制信号和极化转换控制信号均由数字控制总线传送，送到天线阵面和每一个 T/R 组件的接口。先进的有源相控阵雷达采用光纤来传送和分配阵列中波束控制信号的功能。

（4）T/R 组件的监测功能

有源相控阵雷达一般含有大量的 T/R 组件，因此对 T/R 组件的工作特性进行监测是保证雷达可靠、有效工作的重要条件。T/R 组件监测功能对 T/R 组件的设计具有重要影响，对大量的 T/R 组件进行监测必须具备三个条件：一是要有用于监测的测试信号及其分配网络，将测试信号输入各 T/R 组件，并能全面地对 T/R 组件的不同工作特性或 T/R 组件的不同功能电路进行测试；二是能从 T/R 组件的相应输出端提出 T/R 组件各功能电路的工作参数；三是具有高精度的测试设备及相应的控制和处理软件，用以精确测量和判定 T/R 组件的工作特性是否失效。

4.3.2　T/R 组件的主要特点

有源相控阵雷达的 T/R 组件必须具有如下的特点。

（1）高性能

T/R 组件需要满足以下性能要求：工作频带带宽、发射通道增益、输出功率、接收通道增益、噪声系数、脉冲宽度和占空比、输入输出驻波、工作效率、动态范围、移相器比特数、幅频特性、相频特性、移相精度和衰减精度等。

T/R 组件发射通道和接收通道需满足一定的幅度一致性、相位一致性要求。

T/R 组件内部功放发热量很大，需要良好的热设计。

（2）高可靠性

可靠性是 T/R 组件的一项重要指标。一部机载火控雷达上的 T/R 组件数量可达上千个，T/R 组件的损坏可导致雷达的性能下降，T/R 组件平均故障间隔时间要很长，以保证火控雷达的可靠性。为了实现高可靠性，需要进行严格的可靠性设计和元器件筛选，使用先进的生产工艺。

（3）体积小和重量轻

飞机对机载相控阵雷达的重量要求苛刻，为了控制雷达的重量，并且保证天线单元之间距离小于半波长，T/R 组件必须满足体积小、重量轻的要求。

（4）低成本

有源相控阵天线上的 T/R 组件数量非常多，T/R 组件的成本占整个雷达造价的 60%

左右，控制 T/R 组件的价格是控制有源相控阵雷达成本的关键所在。

4.3.3　T/R 组件的组成原理

典型 T/R 组件的组成原理框图如图 4 – 36 所示，它主要由发射通道、接收通道和公共部分等三部分组成。发射通道由预先放大器和功率放大器组成，作用是将经射频网络激励器产生的发射信号，放大到一定功率电平，放大后的信号再经天线单元发射出去。接收通道由接收机保护器和低噪声放大器（LNA）组成，作用是将由天线单元接收到的微弱信号进行低噪声放大，以提高雷达系统的接收灵敏度。第三部分是收、发公用部分，由移相器和衰减器组成，并由 TR 开关选通是接入发射通道，还是接入接收通道。公用部分的作用是控制发射和接收信号的幅度和相位，以得到所需要的天线波束。除了上述三个射频组成部分外，T/R 组件中还包含 T/R 组件工作时所需的控制电路和各种电源，以实现对移相器、衰减器、T/R 开关等部分的控制。

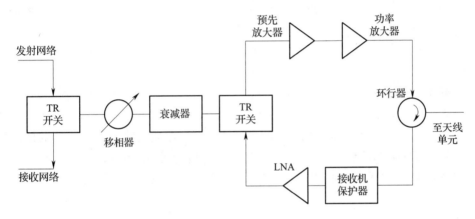

图 4 – 36　T/R 组件的组成原理框图

发射通道的功能是提供相位和幅度经过调整的高稳定微波能量，其大小由微波器件的功率水平决定。因为 T/R 组件的能量损耗主要来自发射功率放大器，所以要特别注意提高效率，以减小功耗。为了降低发射波瓣的副瓣电平，要进行幅度加权，通常要求 T/R 组件的输出功率电平能在比较大的范围内进行控制，这是通过控制衰减量的方式来实现的。但是，连续幅度加权与要求高效率相矛盾，比较好的办法是，以台阶幅度照射近似代替连续的幅度加权曲线。这样，T/R 组件可做成不同功率电平的，尽管功率放大器的输出功率电平不同，但其直流—射频转换效率变化很小。

接收通道中的低噪声放大器决定着系统的噪声系数，所以，低噪声放大器一定要具有高增益，以便把放大器后面各部分的损耗及噪声系数对整个系统噪声系数的影响减至最小。事实上，低噪声放大器接在天线单元后面，天线接收到的信号直接加到放大器上。因此，低噪声放大器还要具有大动态范围，以使接收的信号不产生失真和调制。一个高增益、大动态范围的低噪声放大器容易消耗电源功率，这也是影响 T/R 组件效率的一个因素，因为接收机的工作时间远比发射机的工作时间长。为了提高效率，需要降低低噪声放大器的增益，同时又不影响系统噪声系数，所以只有降低放大器后面各部分（如移相器、衰减器、开关和波束形成网络）的插入损耗。

在接收通道中，接收机保护器（RP）的作用是防止低噪声放大器被高功率射频能量烧毁。射频能量有两个来源，一是匹配不理想引起的发射信号的反射能量，另一个是来自外部的射频能量。因此，RP 既应在有源状态（即发射时）保护接收机，又应在无源状态（即接收时）保护接收机。由于 RP 的损耗直接影响接收系统的噪声系数，所以 RP 一定要具有低插入损耗。以 PIN 二极管制成的 RP 电路如图 4 - 37 所示，发射时的隔离度大于25dB，接收时的插入损耗为 0.7dB。

数字移相器是 T/R 组件的重要组成部分。在雷达工作时，它要提供360°范围内精确的相位控制，而且在所需的工作频带内还要满足插入损耗小、开关时间短、电压驻波比小等要求。数字移相器一般都是二进制形式的，大多数雷达要求移相器为 5 ~ 7 位，根据雷达的具体方案来确定。可供选择的移相器方案有三种：开关线长度型、开关滤波网络型和负载线

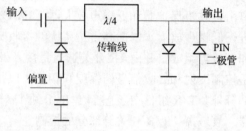

图 4 - 37　采用 PIN 二极管的 RP 电路示意图

型。开关线长度型一般尺寸较大，而且工作频带宽度有限，所以在实际应用中多选用后两类移相器。

T/R 组件中的衰减器也为数字式的。对它的要求是，零衰减时的插入损耗要小，有衰减时的相移要小，电压驻波比要低，在工作频带内衰减要均匀。

在 T/R 组件中，控制电路的主要功能是：从波束控制器接收控制移相器的控制数据，接收控制数字衰减器的控制数据，控制数字移相器和数字衰减器，控制放大器在脉冲状态下工作；控制 TR 开关和接收机保护器工作，控制时序。T/R 组件要按照一定的时序逻辑工作，如图 4 - 38 所示。

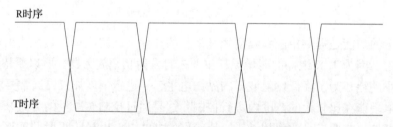

图 4 - 38　T/R 组件工作的时序逻辑图

控制电路由门阵列集成电路、接口集成电路及阻容元件组成，制作安装在 T/R 组件的基板上。

一种实际的 T/R 组件实物如图 4 - 39 所示。

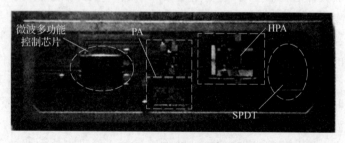

图 4 - 39　一种 T/R 组件实物图

小　　结

本章主要对机载火控雷达的发射机、接收机和 T/R 组件进行了介绍。雷达发射的大功率电磁波是由发射机产生的，可以集中产生，又可以由分立的 T/R 组件发射通道产生（空间合成）。接收通道同样可以采用集中的雷达接收机或 T/R 组件的接收通道实现，其基本原理是相同的，只是实现的方法不同，最终是完成雷达发射和接收功能的实现。

复习思考题

1. 雷达发射机的作用是什么？
2. 发射机的分类有哪些？
3. 磁控管的基本工作原理是什么？
4. 简述行波管的基本工作原理？
5. 脉冲调制器的工作原理是什么？
6. 行波管使用的注意事项有哪些？
7. 简述雷达接收机对接收信号处理过程。器件频率是如何变化的，为什么？
8. T/R 组件的基本功能是什么？
9. T/R 组件的基本技术特点有哪些？
10. 画出 T/R 组件的原理框图，说明其基本工作原理。
11. 移相器的作用是什么？基本工作原理是什么？

第5章 频综器

频综器全称是频率综合器，机载火控雷达的频综器产生全雷达工作所需的频率参考信号，包括基准频率源信号、雷达变频所需要的各种本振信号、雷达工作所需的定时信号和基准信号等。频综器产生信号的特点是信号精度要求很高，决定着雷达整机系统的工作。

5.1 低功率射频系统简介

我们知道，雷达最基本工作过程是一个发射过程，一个接收过程。发射过程与雷达的发射系统相关联，雷达的发射系统是雷达的高功率系统；接收过程与雷达的接收系统或低功率射频系统相关联，低功率射频系统就是相对雷达发射机这个高功率射频系统而言的。与脉冲多普勒雷达的低功率射频系统相同，有源相控阵雷达的低功率射频系统的基本功能主要包含波形产生、发射上变频、接收下变频、滤波、增益控制以及模数变换（A/D）等信号变换功能，以及为了实现这些功能而必备的频率综合、全机定时产生等辅助功能。这些都属于雷达频综器的功能。

图 5-1 是一个典型的机载火控雷达低功率射频系统的组成结构框图。由图可知：雷达的低功率射频系统包含了频率综合器、一个波形产生/激励上变频通道，以及多个接收下变频通道。按照功能的不同，通常可以将雷达的低功率射频系统划分为频率综合器、激励器、接收机等三大组成部分。

发射时，在定时波形的控制下，由波形产生电路产生所需的发射波形，经调制和上变频为雷达发射频率，再经功率放大送到有源相控阵天线，这就是有源相控阵天线发射所需的发射激励信号，即雷达的发射通道。

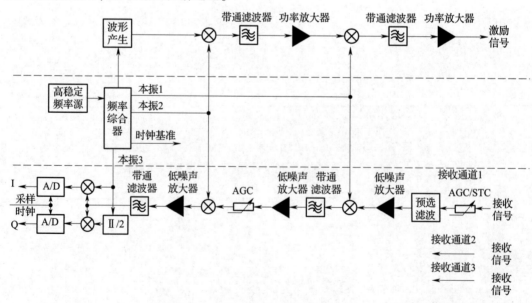

图 5-1 低功率射频系统组成结构框图

接收时，低功率射频系统接收来自天线的回波信号，对这些信号的接收处理包括滤波、放大、增益控制、下变频和检波等，最终得到基带回波信号，即雷达的接收通道。

传统的机载鉴相器（PD）雷达一般具有两个以上的接收通路，其中一个是连接天线和路输出的和通道，其他的通道需要连接天线输出的方位差、俯仰差和保护天线输出。新一代机载火控雷达，即无源相控阵火控雷达和有源相控阵火控雷达拥有更多的接收通道，能够同时接收处理包括和、方位差、俯仰差，以及保护通道的信号，不仅能采用模拟通道处理模拟信号，还具有数字通道处理数字回波信号。

多通道同时接收处理，有利于提高跟踪数据率，满足雷达多目标跟踪和同时多功能的需要。因为在同一个积累周期，雷达可以同时完成检测、匿影和求方位、俯仰角误差等多项工作，而不是依靠时分开关的切换选择，将上述信号处理工作分配到多个积累周期中，造成分配给一个跟踪目标的波束驻留时间可以减少一半。随着空时自适应处理（STAP）技术的发展，雷达将需要更多的接收处理通道，以满足多子阵天线同时接收处理的需要。

5.2　频综器功用

频综器全称是频率综合器，频率综合又称频率合成，是指由一个或多个频率稳定度和精确度很高的参考信号源通过频率域的线性运算，产生具有同样稳定度和精确度的大量离散频率的过程。

频率综合是现代雷达系统的重要组成部分，其核心作用是产生雷达发射和接收所需的各种高稳定度、高精度的信号源，包括波形产生所需的基准信号、变频本振信号和定时时钟基准信号等。

5.3　频综器组成

频综器的基本组成包含高稳定频率源与频率综合器两大部分，其中高稳定频率源是一个高稳定、高精度频率振荡源，产生雷达的基准频率信号；频率综合器是具体实现频率综合的电路部件。频综器的基本结构如图 5 – 1 中虚线部分所示。

频综器实现一般采用直接数字频率合成技术和锁相环技术。

5.4　直接数字频率合成与锁相环技术

频综器采用的技术是频率合成技术，频率合成技术经历了以下几个发展阶段。

第一代频率合成器：早期的频率合成技术纯粹由模拟电路搭建而成，这种技术可以实现高速的频率合成，但是大部分都是分立元件，导致小型化困难，同时各个模拟器件会相互干扰，会产生丰富的噪声和杂散分量，输出频率的相位噪声性能差。

第二代频率合成器：锁相环 PLL。具有输出频率高、相位噪声性能好和输出频率稳定的优点，但是其具有频率切换时间长的明显缺点。

第三代频率合成器：直接数字频率合成（direct digital synthesis，DDS）采用全数字结构实现，具有跳频切换速度快和极高的分辨率；但是受限于采样频率，最大输出频率做不到很高。

现代雷达系统亟需具有快速频率切换、频率步进小、频带宽、相位线性度高和频谱纯度高的频率合成器。近年来，DDS + PLL 的混合频率合成技术越来越受到重视，它结合了

DDS 和 PLL 的优点，在输出高频率的同时，具有频率切换速度快和高分辨率的优点。

5.4.1 直接数字频率合成（DDS）技术

DDS 是 20 世纪 70 年代发展起来的一种新型频率合成技术，它将先进的数字处理方法引入到信号合成领域，采用数字采样技术进行信号合成。

典型的 DDS 芯片的结构示意图如图 5 – 2 所示。

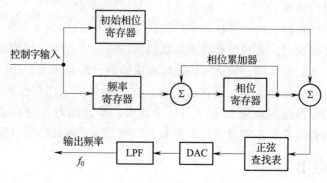

图 5 – 2　典型 DDS 结构图

DDS 的基本原理是：在初始相位寄存器中存放生成信号的初始相位，频率寄存器的数值 K 决定了相位累加器的步进大小。每一个时钟的脉冲触发，相位寄存器中的数值就累加一个步长 K，与初始相位相加后送入正弦查找表。正弦查找表一般是一个可编程存储器，存有一个周期的正弦波数据，表中的每一个地址对应正弦波 0° ~ 360° 范围内的一个相位点。查找表首先将输入的相位信息转换为地址信息，然后再将地址信息映射成正弦幅度数值，通过驱动数模变换（D/A），输出生成信号的模拟数值。

与传统的频率合成技术相比，DDS 芯片具有以下优点：频率分辨率高，频谱纯净；高稳定密集跳频特性，相位和频率调整灵活，输出的变频信号相位连续；相位噪声低，全数字接口，易于编程控制；体积小，价格低，有助于提高系统的整体性价比等。

但是相对直接合成方式和间接合成方式，DDS 也有其缺点：DDS 输出最大信号频率一般只能达到输入时钟的 40%，另外由于 DDS 采用全数字技术，由于数模变换（D/A）量化误差、相位输入误差等，输出频谱的杂散还不如其他两种合成方式的指标。但在频率较低的场合，DDS 的优势也是其他频率合成方式不能比拟的。

5.4.2 频率锁相环（PLL）技术

锁相环采用带反馈环路的频率合成技术。环路通过不断比较经预分频后的输入信号与经分频后的压控振荡器信号，不断调整压控振荡器的输出频率，直到二者的频差为零，相差为一固定值。输出的误差电压保持不变，此时环路进入锁定状态，输出频率稳定的信号。雷达系统的正常工作都需要一个非常稳定的频率。锁相环因其良好的频率稳定性和相当宽的输出频带而得到广泛应用。

典型的锁相环系统是由鉴相器（PD）、压控振荡器（VCO）和低通滤波器（LPF）三个基本电路组成，如图 5 – 3 所示。

PLL 的基本原理是：外部参考时钟经 R 计数器分频到一个较低的频率，称为比较频率，比较频率与经过 N 分频器后输出频率送入鉴相器，鉴相器产生一个大小正比于两者相位误差的电流，电流经过低通滤波器滤除杂散信号后送入压控振荡器（VCO）。电流经低

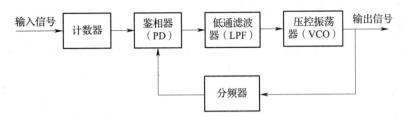

图 5 – 3 PLL 原理结构图

通滤波器后产生了调谐电压，调谐电压调整 VCO 的输出相位，由 VCO 产生一个相位和频率稳定的输出信号。

理想情况下锁相环的输出信号在频域中是一根单一的谱线，由于相位噪声的存在，实际的信号频谱不会达到这样的纯度。相位噪声以调制边带的形式分布在中心频率的谱线两边，导致了主谱的频谱扩展。

锁相环作为频率合成的重要技术，具有输出频率范围宽、频谱质量好的优点。但是锁相环的结构特点也导致其频率分辨率低、频率建立时间长的缺点。

综合考虑 PLL 与 DDS 的优缺点，将二者结合起来构成混合频率合成方案，达到取长补短的效果。既能保证快速频率切换、良好的相位噪声特性以及合理的杂散水平，又能达到频率步进小的目的，目前 DDS + PLL 结构已成为使用最为广泛的频率合成技术之一。

其典型组成结构如图 5 – 4 所示。

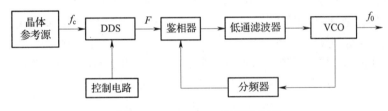

图 5 – 4 DDS + PLL 原理结构图

5.5 频综器指标及其对雷达性能影响

频率综合是有源相控阵雷达的核心之一。采用相参体制的机载雷达，对频率综合提出了很高的技术指标要求，主要是为了保证雷达发射和接收信号的严格相参，同时保证发射和接收信号具有很高的"纯洁"度，以减少噪声和杂散干扰等对接收灵敏度和虚警率等指标的影响。主要包括：频率范围、频率间隔、频率稳定度和准确度、频率纯度（杂散输出和相位噪声）、频率转换时间等。

5.5.1 频率范围

频率范围是指频综器的工作频率范围，直接关系雷达发射和接收信号的频率范围，是重要的雷达战术和技术指标。由于 T/R 组件半导体技术的快速发展，T/R 组件已经可以工作在一个很宽的频率范围，可以覆盖整个 X 波段（8 ~ 12GHz），这就要求频综器也需有相应的工作频率范围。

5.5.2 频率间隔

频综器的输出信号频率一般是不连续的，而是分布在频率范围内的多个频率点。两个相邻频率点之间的最小间隔就是频率间隔。

频率间隔的大小与雷达接收机的干扰抑制滤波器的宽度有关。在相邻多部雷达同时工作时，比如编队内多部机载雷达同时工作的情况，一般采用雷达工作频点按组群分配的方法避免频点冲突，但过小的频率间隔还是容易带来雷达间的相互影响。

机械扫描的 PD 火控雷达由于工作带宽较窄，拥有的频点数较少；有源相控阵雷达由于其工作频率范围的极大扩展，在相同的频率间隔下，拥有更多的频点资源，这可以减少编队飞机间的雷达干扰，也有利于提高雷达的抗干扰能力。

5.5.3 频率稳定度和准确度

频率稳定度是指在一定的时间间隔内，合成器输出频率变化的大小。频率准确度是指频率合成器的实际输出频率偏离标称工作频率的程度。

频率准确度与稳定度之间既有区别又有联系，只有稳定才能保证准确。因此，常将工作频率相对于标称值的偏差也计入不稳定偏差，因此，只需考虑频率稳定度即可。

频率稳定度从时域角度可分为长期稳定度、短期稳定度和瞬时稳定度。其中，长期稳定度是指在年、月等长期时间内频率的变化，是一种缓慢变化的过程。频率的漂移主要是由石英晶体振荡器老化引起的，另外工作电压及电流变化、电路参数不稳定也会带来频率的漂移，长期稳定度所指频率的漂移属于确定性的变化。短期稳定性是指日（天）、小时内的频率变化，是频率瞬间的无规则变化。这种频率的变化实际上是晶振老化漂移和频率的随机起伏引起的。瞬时稳定度是秒，甚至是毫秒时间内频率的漂移。这个漂移是随机的，主要由噪声和干扰引起的，在频域上又称为相位抖动或相位噪声。

长期和短期稳定度影响雷达的测量精度，如多普勒测速精度等；瞬时稳定度影响频率的纯度，从而影响雷达的灵敏度。

目前在机载雷达中广泛采用的石英晶体频率源的频率稳定度，一般可以达到 $1 \times 10^{-5} \sim 2 \times 10^{-5}$ 的水平。要满足更高的频率稳定度要求，需要采用原子钟等更昂贵的部件。

在雷达中，发射和接收采用源自同一频率源的本振信号，这可以减少或抵消频率源频率漂移带来的影响。因为接收的频率和下变频本振信号会沿着同一方向漂移，其结果是最终的差频保持不变。但由于发射中心频率的偏差，导致回波多普勒频率变化，这会影响雷达对多普勒频率的测量继而影响雷达测速的准确性。

5.5.4 频率转换时间

频综器从一个频率转换到另一个频率，并且达到稳定所需的时间被称为频率转换时间，又称为调频时间。

机载有源相控阵雷达需要工作在频率捷变状态，即雷达的工作频率在多个频点间快速随机或按指定序列跳动。雷达工作频率的捷变可以用于抑制二次回波对接收有用回波信号的影响，也可以用于对抗敌方的有源电子干扰。雷达频率的捷变既有脉冲串间的捷变，也有脉冲与脉冲间的捷变，这就对频综器的频率转换时间提出了严格甚至是苛刻的要求，频率转换时间须达到微秒级。

在各种频率合成方法中，直接合成与直接数字频率合成（DDS）的转换时间都是极短的。对于锁相频率合成器而言，频率转换时间就是环路的锁定时间，其数值大约为参考时钟周期的 25 倍。

系统频率锁定时间考虑两部分：改变 DDS 所需的时间和锁相环锁定需要的时间。

由于 DDS 采用全数字开环结构，所以频率切换时间非常短，只有纳秒级；PLL 的锁定时间为微秒级，所以环路频率锁定时间主要是由 PLL 决定的。

5.5.5 相位噪声

相位噪声是一项很重要的性能指标，它给电子系统的性能带来很大影响。作为频率源时，它给载波信号的两旁带来按幂律谱分布的噪声信号。若信号作为发射载波信号或者接收机的本地振荡信号以及各种频率基准时，这些相位噪声信号都会和有用信号一起出现在调制端或解调端，降低基带信噪比。

相位噪声一般是指在系统内各种噪声作用下所引起的输出信号相位随机起伏，相位的随机起伏必然引起频率随机起伏，这种起伏速度较快，所以又称为短期频率稳定度，通常用相位噪声功率谱密度 $S(f_m)$ 表示。

相位噪声的边带是双边的，以 f_0 为中心对称。为了研究方便，一般只取一个边带，称为单边带（SSB）相位噪声，在工程实际中则通常用单边带相位噪声 $L(f_m)$ 来描述。相位噪声示意如图 5 - 5 所示。单边带相位噪声定义为在某一给定偏移频率处 1Hz 带宽内的信号功率与信号总功率的比值信号。

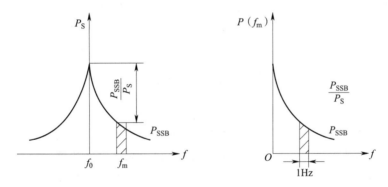

图 5 - 5　相位噪声示意图

相位噪声定义为偏离载频 1Hz 带宽范围内单边带噪声功率与中心频率功率的比值，单位为 dBc/Hz，它是偏离中心频率的频率距离 f_m 的函数，即

$$L(f_m) = 10\lg\left(\frac{P_{SSB}}{P_0}\right) \tag{5 - 1}$$

式中：P_{SSB}——偏离中心频率 f_m 处 1Hz 带宽范围内单边带噪声功率；

　　　P_0——载波信号功率。

（1）相位噪声对接收系统的影响

电子技术的发展，使器件的噪声系数越来越低，放大器的动态范围也越来越大，增益也大为提高，这使得电路系统的灵敏度和选择性及线性度等主要技术指标都得到较好的解决，随着技术不断提高，对电路系统又提出了更高的要求，这就要求电路系统相位噪声必须足够低，在现代技术中，相位噪声已成为限制电路系统性能的主要因素。低相位噪声对提高电路系统性能起到重要作用。

信号源相位噪声对雷达接收系统性能的影响主要体现在相位噪声对小信号回波的遮挡效应、干扰信号互易混频导致的信噪比下降和时钟抖动噪声形成混叠造成的信噪比下降等三个方面。

（2）相位噪声对多普勒雷达系统的影响

现代雷达普遍为全相参体制，作为雷达系统基准的频率源的相位噪声水平决定了雷达最终的噪声水平。

当目标超低空飞行时，雷达面临很强的地面杂波，这些杂波进入接收机，经混频后，有用信号很难与强地物反射波分离开，尤其对于接近地面的低速度运动目标，此时雷达对目标检测非常困难，为了提高低空检测能力，提高对低空突防目标的发现能力，频率源的低相位噪声指标非常重要。机载雷达要从强杂波环境中区分出运动目标，则必须全相参产生出极低相位噪声的发射信号和接收机本振信号及各种相参基准信号。其杂散典型值小于−65dBc。

（3）振动下敏感性分析

晶体振荡器是振动敏感器件，在未采取隔振措施时，其在振动时相位噪声恶化十分严重。此时通过倍频方式得到的微波信号相位噪声恶化将更加严重，甚至出现信号散谱的现象，这是雷达系统无法接受的。

为了改善振动下相位噪声的恶化，需要对晶振采取各种减振措施，而减振装置必然会占用较大空间，同时会影响系统的可靠性。频综器必须兼顾体积小、相位噪声低和抗振特性高等几方面的要求。

小　结

本章主要对机载火控雷达的频综器进行了介绍。频率综合是现代雷达系统的重要组成部分，其核心作用是产生雷达发射和接收所需的各种高稳定度、高精度的信号源，包括波形产生所需的基准信号、变频本振信号和定时时钟基准信号等。频综器产生的各种信号决定着雷达整机系统的工作。

复习思考题

1. 简述雷达低功率射频系统的工作原理。
2. 雷达频综器的功用是什么？
3. 雷达频综器的一般组成有哪些？
4. 简述 DDS 的实现原理。
5. 简述 PLL 的实现原理。
6. 频综器产生的主要雷达信号有哪些，各有什么作用？
7. 频综器的主要技术指标有哪些。各有什么含义？
8. 什么是相位噪声？试分析相位噪声对雷达性能的影响。
9. 频率转换时间对雷达性能的影响分析。
10. 频综器的频率工作范围对雷达抗干扰性能的影响分析。

第6章　信号数据处理

雷达的信号数据处理是机载火控雷达的核心部分，可分为雷达信号处理和雷达数据处理两个过程。雷达的信号数据处理的功能不仅完成对雷达接收信号的数字处理，包括滤除杂波、快速傅里叶变换（FFT）、恒虚警率（constant false alarm rate，CFAR）处理、地图测绘信号处理成像等，还要完成对雷达数据的二次加工处理，包括解模糊、跟踪状态下的数据处理和控制、抗干扰处理等。雷达信号、数据处理机内部有多套计算机系统构成。信号处理机系统有多片数字信号处理器 DSP 芯片构成可编程信号处理机系统。本章主要以 PD 雷达的信号数据处理为例说明。

6.1　主要作用

雷达的信号数据处理包括对雷达回波的信号处理和数据处理。信号处理的任务就是对雷达的回波信号进行检测，以发现目标并测定目标回波携带的物理量信息数据（距离，速度）。而要实现对回波信号的最佳检测，信号检测系统应是被检测信号的匹配滤波系统，即匹配滤波器。因为只有在匹配滤波的情况下，才能使处理信号的信噪比最大，从而可以有效地提取信号、抑制噪声。所以 PD 雷达信号处理的基本问题是实现对回波信号的匹配滤波。

由于 PD 雷达的回波信号中还包含有地物杂波，因此 PD 雷达信号处理的基本内容包括三个方面：

一是对有用的目标回波信号匹配滤波；

二是有效地抑制无用的杂波信号；

三是有效可靠地检测出目标回波（恒虚警率（CFAR）处理）。

PD 雷达数据处理的任务是雷达通过目标反射回波对目标位置进行测定的工作过程。其中发现并确认目标的过程主要是通过对雷达回波信号的处理、检测、分辨、识别来完成，这个过程实际上是信号处理过程，一般也称为信息的一次加工。发现并确认目标后的过程就是测定目标位置的过程，在此过程中对雷达取得的目标位置及运动参数（α，β，R，V）进行处理，以尽可能准确地得到目标的位置参数，这个过程一般称为数据处理过程，是对信息的二次加工。

雷达数据处理包括很广泛的内容，不仅包括雷达搜索状态下目标位置参数的测定和统计估值操作，更包括雷达对目标的截获、跟踪过程中的目标位置数据处理及状态判定等。例如，跟踪状态下对速度、距离的精确判定；边扫描边跟踪过程中，对目标位置的估计等都属于数据处理的内容。

PD 雷达信号与数据处理在 PD 雷达中占有重要地位，它贯穿雷达的全部工作过程中。下面将从搜索和跟踪两种工作状态来介绍 PD 雷达在三种重频工作方式下的信号与数据处理的过程和方法。

6.2 搜索状态下处理流程

搜索的主要功能是在一个大范围中探测目标。在搜索状态下，雷达对目标位置的参数进行何种测量，取决于雷达的波形设计。例如，在低 PRF 工作时，只有目标的距离可以精确测量；采用高 PRF 波形，在未采用频率调制时只能测量多普勒频移，频率调制后可以以很差的分辨率粗略测量距离；中 PRF 波形则可以同时测量距离与多普勒频率。

为了便于分析，我们假设一些雷达的特性。

案例：设雷达工作频段为 3cm，搜索时雷达波束采用光栅扫描，扫描速度为 90（°）/s。雷达对 $3m^2$ 截面积目标能进行探测和测距、测速的距离应达到 160km。雷达接收机在最小距离 200m 测量从一个 $100m^2$ 目标来的回波时必须不致饱和。为了测量多普勒频移，一个隐含的要求是雷达波形必须相参。

距离分辨力要求决定了发射脉宽为 1.0μs。天线产生 3dB 波束宽度为 3° 的笔状波束，相对于主瓣增益的最大旁瓣电平为 –30dB。

这组数据是许多现代机载系统的典型值，但在实际应用中并不一定最佳。

在这种条件下，雷达波束的光栅扫描规律如图 6–1 所示。

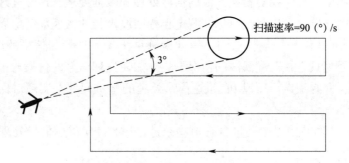

图 6–1 雷达波束的光栅扫描

从图中可以看出，当波束扫过目标时，雷达波束在目标上的驻留（照射）时间为波束宽度除以扫描速率。在我们的例子中这个时间等于 3°/（90（°）/s），即为 33.33ms。虽然这个时间对于低与高 PRF 通常已经足够，但中 PRF 的处理却要求更多的时间来解决所有的距离与多普勒模糊。有些系统采用两种扫描速率，低与高 PRF 用高速率，而中 PRF 则用有较长目标照射时间的慢速率。为了简便起见，本例假设只用单一扫描速率。

6.2.1 低 PRF 搜索

低 PRF 工作方式常是主要用于上视情况的一种非多普勒处理方式。

对 160km 处的目标能探测到并测距的要求就确定了低 PRF 工作方式的雷达最小脉冲周期间隔，即

$$T_{\min} = 2R_{\max}/C = 1.07\text{ms}$$

下面来研究低 PRF 搜索方式雷达的时间关系（时序）。雷达时序可以展示一个目标照射时间（TOT）期间发射波形的各种参数（脉冲数、脉冲周期间隔和脉冲宽度）。

图 6–2 显示低 PRF 搜索方式的时序。目标照射时间（33.33ms）划分为 5 段，称为 5 个处理组。每段又分为 6 个更小的节，每节对应一个发射脉冲。在整个时间关系中，脉冲宽度均保持 1.0μs 不变，而脉冲周期间隔则从 1.07ms 至 1.15ms 作变动，以抑制超过最大

模糊距离的强杂波。这是由于它能使各处理组的强杂波进入不同的距离单元,利用跨越几个处理组的确认检测办法,可以消除这种杂波干扰。

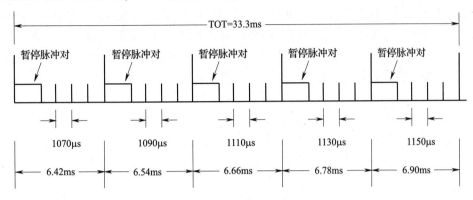

图 6 – 2 低 PRF 搜索方式的时序

最后,两个暂停脉冲的回波用于 AGC 回路去计算增益剖面,并按照不同的距离单元调整接收机的增益。低 PRF 搜索状态下,雷达信号及数据处理过程如图 6 – 3 所示。

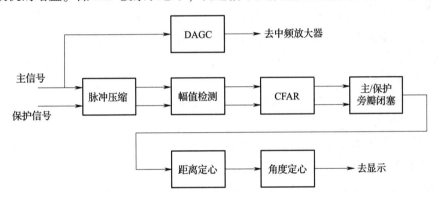

图 6 – 3 低 PRF 搜索状态下,雷达信号及数据处理过程

6.2.1.1 自动增益控制

在低 PRF 搜索时序每一个处理组的开头都包含两个暂停脉冲,它们用于自动增益控制。利用处理组的头两个脉冲进行 AGC 是为了建立增益剖面,以便使后续脉冲的回波被调整到适于目标检测的电平。

6.2.1.2 脉冲压缩

典型情况下,低和中 PRF 脉冲多普勒雷达采用脉冲压缩,以在不增高峰值功率或损失距离分辨力要求的情况下增大发射的平均功率。

6.2.1.3 幅值检测

在低 PRF 搜索方式中,I/Q 矢量的幅值仅用于确定目标的存在。因此,在着手恒虚警率处理之前,必须确定各距离单元的 I/Q 幅值。即

$$A_i = \sqrt{I_i^2 + Q_i^2}$$

6.2.1.4 恒虚警率检测

为了确定目标的存在,上述计算出来的幅值必须与某些测量噪声或干扰电平作比较。如果某一距离单元超过其噪声电平,则宣布在该距离上检测到目标。

为了计算每个距离单元的噪声电平，恒虚警率算法可采用一种滑窗噪声估值处理法。在图 6-4 中，为了确定第 i 个距离单元的噪声电平，对 $i-1$ 距离单元前的几个距离单元和 $i+1$ 距离单元后的同等数量距离单元一起平均。在图中，示出的是一个 5-3-5 滑窗。每边有 5 个距离单元作为平均，中间是三个距离单元的缺口。邻近测试单元的两个距离单元之所以不参加平均，是由于目标回波不可避免地有信号溢出到相邻单元。在确有目标的情况下让这两个单元也参加平均，必然破坏检测处理。

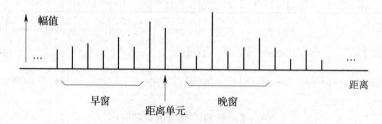

图 6-4　恒虚警率滑窗噪声平均

获得噪声平均值后，用倍乘器乘以恒虚警率门限。该倍乘器以预计的目标和噪声电平为基础设置一个初始检测门限，然后依据噪声平均值对门限值进行修正。最后，修正后的检测门限电平与该距离单元的幅值相比较，如果该距离单元幅值超过门限电平，则认为检测到目标。

6.2.1.5　旁瓣匿隐

旁瓣匿隐是用来消除无线副瓣接收的信号对目标检测的干扰。

6.2.1.6　距离定心

强信号以及跨距离单元的信号常常会在一个以上的距离单元中检测到。为了解决这一问题，现代脉冲多普勒雷达采用了距离定心算法。

距离定心的目的在于辩认可检测信号尖峰群，并确定真实的检测位置。这一目的可用多种方法来实现。例如，在实际的雷达系统中采用的一种方法遵循以下规则：

①对于唯一信号尖峰，它就是真实位置。

②对于两个相邻信号尖峰，假定最近的（其威胁最大）是真实位置。

③对于三个相邻信号尖峰，假定中间信号尖峰是真实位置。

④对于三个以上信号尖峰，假定前三个来自一个目标，用规则③处理，不断进行此项处理直到只剩下三个或更少的相邻信号尖峰，最后用适当规则确定。

6.2.1.7　角度定心

对于大雷达截面积目标，特别是当目标很近的时候，目标的检测可能会出现在主波束中但在 3dB 宽度之外。当天线波束扫过目标时，会在比天线的波束宽度大得多的扇区中检测到目标。这将在显示器上呈现为同一距离但横跨宽角范围的多个目标。

有一种类似于距离定心算法的方法可用来解决这个问题，图 6-5 是一种服役雷达的算法。

这种方法需要为每个距离单元配置一组计数器，第一计数器对每个距离单元的相邻周期（T_r）信号尖峰数目保持跟踪，第二计数器在跟踪开始后对相邻遗漏数目保持跟踪。存储器中存储的是第一次检测（跟踪开始时）得到的目标角度位置。一旦相邻信号尖峰数达

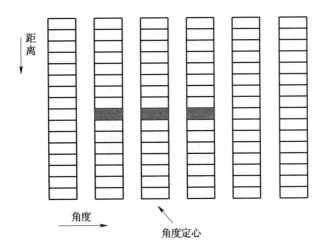

图 6 - 5　角度定心原理

到与某个角度范围相应的数值（该角度范围内主天线增益超过保护天线增益），或相邻遗漏计数达到 2，跟踪即行终止，并将检测结果显示在当前检测与第一次检测的平均位置上。

6.2.2　中 PRF 搜索

与低 PRF 搜索相比，中 PRF 搜索在数字信号处理方面带来三个主要差别。

首先，中 PRF 允许对目标的多普勒频移进行至关重要的测量，这一测量通常要用数字信号处理机通过 FFT 算法来进行。

其次但同样重要的是要用数字滤波器才能抑制地面主瓣杂波，同时允许动目标回波通过而得到检测。

最后，算法必须能够对距离与多普勒模糊实现有效的分辨。

中 PRF 雷达的时间关系（时序）如图 6 - 6 所示。

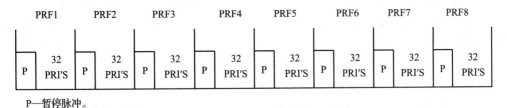

P—暂停脉冲。

图 6 - 6　中 PRF 的搜索时序

注意图中有 8 个不同的 PRF。假设用 8 中取 3（3/8）完成检测，即目标必须在 8 重 PRF 中至少有 3 重检测到。与低 PRF 的情况一样，每个新的处理组开始都有几个暂停脉冲用于 AGC 去控制雷达中频部分的增益。

本例中，暂停脉冲之后紧跟着 32 个发射脉冲，它们用于检测目标并提取出其距离与多普勒信息。

中 PRF 搜索状态下，雷达信号及数据的处理过程如图 6 - 7 所示。

6.2.2.1　主瓣杂波对消

PD 雷达采用相参的主要原因之一就是要滤除地面杂波。主瓣杂波的滤除方法在前面已经讲述。

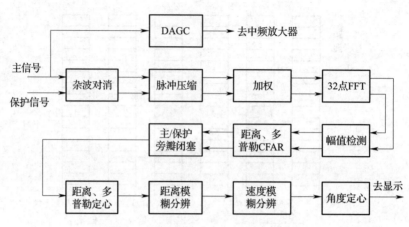

图 6-7 中 PRF 搜索的信号处理过程

6.2.2.2 脉冲压缩

中 PRF 脉冲压缩的原理与低 PRF 脉冲压缩的相同。然而，有一个问题需要特别注意，那就是在中 PRF，脉冲压缩的宽度受到短得多的脉冲间周期间隔的严重限制。

6.2.2.3 多普勒滤波

脉冲压缩以后，按时序划分的处理组，数据构成 32 个发射脉冲、N 个距离单元的两维复合阵列。此外，每个距离单元的 I 与 Q 分量实际上也构成一个复数矢量。由于频率定义为 $d\phi/dt$，其中，ϕ 为相移，因此某一个距离单元跨越 32 个发射脉冲的相位关系决定了目标的多普勒频移。

FFT 算法是一个表征这一相位关系的数字滤波器组。每个距离单元的采样进入一个 32 点 FFT（本例情况），其处理结果则形成一个反映目标情况的复合距离—多普勒图。

这里，重要的是必须得到与此处理过程相应的带宽。据奈奎斯特采样定理，因采用了复采样，多普勒滤波器的总频率覆盖范围就等于每个距离单元的采样频率 PRF。

典型的 15kHz 中 PRF 不能覆盖所预期的多普勒频移的整个范围。大于 15kHz 的多普勒频移将回卷（即混叠）到 15kHz 频带中来。特别是 670m/s（约马赫数 2）的接近速度，在 X 波段将产生 44kHz 的多普勒频移，它将回卷差不多三次。

在本例中，多普勒滤波器的带宽约为 470Hz（15000Hz/32）。因而，假设第一滤波器号数为 0，则马赫数 2 的接近目标将出现在第 29 号滤波器，因为，（44000/470 模 32）−1 = 29。

FFT 中的每个点表征一个数字滤波器，其幅度响应形式为（$\sin x$）/x。这一响应的第一旁瓣电平为 −13dB，对于大多数应用是不能接受的，因为一个强回波能够有效地遮盖住同一模糊距离但可能是隔开几个滤波器的弱小回波。加权是用来降低 FFT 的大旁瓣的一种方法，但它同时扩展了 3dB 带宽。因此，必须选择一种加权函数使旁瓣降低到可接受的程度，而尽可能地保持通带最窄。

6.2.2.4 幅值检测

低 PRF 搜索所述的幅值检测方法同样适用于中 PRF，区别在于中 PRF 幅值检测是用于整个距离—多普勒图中每一个距离单元的每一个滤波器。

6.2.2.5 距离—多普勒恒虚警率（CFAR）

中 PRF 距离—多普勒 CFAR 实质上是低 PRF 距离 CFAR 的二维变形。在低 PRF 搜索工作方式中是用 5 - 3 - 5 滑窗噪声估值进行 CFAR 处理的，中 PRF 情况可以相应地构造一个二维窗。如图 6 - 8 给出了中 PRF 搜索工作方式的这样一个窗。组成滑窗的回波取平均，并由 CFAR 门限倍乘器比例标定。如果测试单元的幅值大于标定后的门限电平，则送出一个"未处理的"的信号尖峰。对未处理的信号尖峰，解距离模糊就得到了一个真实的检测。

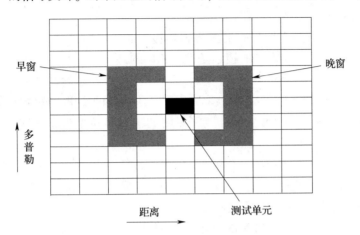

图 6 - 8　距离—多普勒 CFAR

6.2.2.6　旁瓣信号的消除

中 PRF 搜索工作方式消除旁瓣信号的做法与低 PRF 搜索方式差不多相同。保护通道的原理也相同。

6.2.2.7　距离—多普勒定心

在距离—多普勒图中未处理的信号尖峰在用类似低 PRF 距离定心的算法来定心。

6.2.2.8　距离模糊分辨

利用伸展算法，对每一个定了心的信号尖峰，计算其全部可能的不模糊距离。例如，如果目标是在由 65 个距离单元的脉冲周期间隔中的第 32 个距离单元内检测到，则这组可能的不模糊距离是（32、97、162、227、292、357、422、487、552、617、682、747、812、877、942、1007、1072）。计算可能的不模糊目标距离的通用表达式为

$$R_{ui} = (R_a + i \cdot N)\, \tau \qquad i = 0,\ 1,\ 2,\ \cdots,\ N-1$$

式中：R_a——目标的视在距离；

$\qquad N$——脉冲周期内的距离门数。

为确定目标的真实距离，还要对可能的不模糊距离组进行扫描。如果有一个可能的不模糊距离在三组中的每一个同样距离上都出现（该三组距离对应于 8 个 PRF 中的三个），则宣告目标检测到。典型的情况是在检测处理中允许有一个或两个距离单元的误差。

6.2.2.9　速度模糊分辨

有一种非常类似于距离模糊分辨的技术可用于速度模糊分辨。可能的不模糊滤波器组由下式给出

$$F_{ui} = [F_a + i\,(32)]\,(BW/BW_n) \cdot BW_n \qquad i = 0,\ 1,\ 2,\ \cdots,\ N-1$$

式中：F_{ui}——第 i 个可能的不模糊多普勒滤波器；

$\qquad F_a$——视在多普勒频率在滤波器中的位置数；

$\qquad 32$——多普勒滤波器数目；

BW——现行 PRF 的滤波器带宽；

BW_n——归一化滤波器带宽。

不过，速度模糊分辨比距离模糊分辨的计算量要少得多，因为只需考虑已完成了距离分辨（距离现已不模糊）的那些模糊滤波器。

6.2.2.10 角度定心

尽管在 PRF 搜索中雷达具有测量多普勒频移的能力，但雷达总是只作距离—角度显示，因此，角度定心算法与低 PRF 搜索是完全相同的。

6.2.3 高 PRF 搜索

这种模式的 PRF，按照在多普勒频率方面完全不模糊的要求，必须比包括杂波在内的所有有关目标的多普勒频率还要大些。为了说明 PRF 有多高才能避免多普勒模糊，我们以具体数据代入杂波计算公式来求出。

设雷达载机速度 V_R 为 670m/s（约马赫数 2），由于雷达波长为 3cm，则杂波的最大范围为 ±44kHz。如果目标也以马赫数 2 的速度接近，则其多普勒频率为 88kHz，位于无杂波区，这是高 PRF 工作方式的最重要特性。

在大多数搜索应用中，高 PRF 的整个杂波回波都可用模拟滤波器滤除。但对中 PRF 方式，则只能用数字滤波器使主瓣杂波衰减。

高 PRF 搜索有三种类型：

第一是速度搜索（VS）工作方式，即只测量多普勒频移（速度）；

第二是边搜索边测距，即用调频的方法在测量多普勒频率的同时粗略测距；

第三种是距离门（RG）高 PRF 搜索，即采用稍低的 PRF，将脉间周期间隔分成几个距离门。

虽然高 PRF RG 也不能分辨严重的距离模糊，但它能检测相同多普勒频率的多个目标，因此，在对付多架飞机袭击时较为有利。

6.2.3.1 高 PRF 距离选通搜索

高 PRF 距离选通搜索与中 PRF 搜索相似，两者处理的目的都是产生一个目标的距离—多普勒图。只是中 PRF 搜索的距离—多普勒图较粗糙，分为 50~75 个距离单元及 16~64 个多普勒滤波器；而高 PRF RG 搜索则分为 5~20 个距离单元与 512~2048 个多普勒勒滤波器。

图 6-9 示出一个代表性的高 PRF RG 搜索雷达的时序。其 PRF 是 200kHz，脉冲宽度是 0.5μs，因而每个 PRI（重复周期）包括 9 个距离单元。

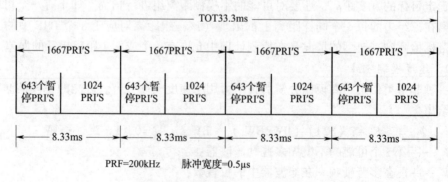

图 6-9 高 PRF 距离选通搜索时序

33.3ms 照射目标时间分割为 4 个 8.33ms 的处理组，每组有 1667 个 PRI。与中 PRF 搜索一样，开头的 643 个 PRI 用于 AGC 来计算增益剖面。虽然这 643 个 PRI 大大超过 AGC 所需，但还是必须采用或丢弃，因为在暂停脉冲后面的脉冲周期数必须是 2 的乘方。

我们知道一个处理组中所处理的脉冲数目通常就是多普勒滤波器的数目，在总数 1667 的 PRI 中，643 个用于 AGC，剩下的 1024 个用于信号处理，这 1024 正是多数 FFT 处理器便于处理的数目。

高 PRF 距离选通搜索的信号处理过程如图 6 – 10 所示。

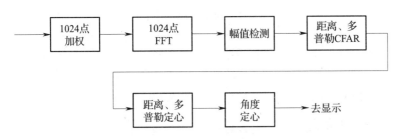

图 6 – 10　高 PRF 距离选通搜索信号处理过程

信号处理与中 PRF 搜索的情况相同，但有两点重要差别。首先，高 PRF RG 中没有采用脉冲压缩。这不仅是因为没有足够的脉间周期可用，而且因平均功率已经很大，无须脉冲压缩。另一个考虑因素是在这种方式下信噪比本能地提高了，信噪比提高的一个原因是多普勒滤波器的带宽变窄。

为了理解中 PRF 与高 PRF RG 搜索两者多普勒滤波器带宽存在固有差别的原因，我们来研究一下各自的时序。

中 PRF 为了有一个可接收的距离分辨力和与盲区性能，照射目标的时间必须划分成 8 段，这就使平均积累时间为 4.2ms，扣除暂停脉冲占用的时间，使积累时间降低约 1/3，而只有 2.8ms，从而使得多普勒处理带宽（积累时间的倒数）为 357Hz。根据类似的分析，高 PRF RG 在 4 个处理组的情况下则具有约 195Hz 的多普勒处理带宽，因此信噪比可提高差不多 3dB。此外，在高 PRF 搜索时，雷达可能工作在多普勒频谱清晰区内，而中 PRF 工作则总是必须与旁瓣杂波相抗衡。

高 PRF RG 信号处理与中 PRF 信号处理的第二方面的重要区别在于距离与速度的解模糊算法用不着。由于距离严重模糊，进行距离模糊分辨是不现实的。

6.2.3.2　速度搜索

速度搜索工作方式的功能是对目标的速度进行检测与显示，其实现方法是用窄带模拟滤波器先把杂波滤除，该滤波器窄到足以使滤波后的输出信号形成连续波形。使用窄带滤波器是速度搜索（VS）与高 PRF RG 搜索的主要区别。

速度搜索方式信号处理的时间关系如图 6 – 11 所示。每个处理组均由滤波后波形（连续波）的 512 个采样组成。

高 PRF 速度搜索信号处理的过程如图 6 – 12 所示。

在信号处理过程中，多普勒滤波与中 PRF 搜索一样。多普勒滤波包括加权与快速傅里叶变换（FFT）。由于 512 个采样是在 6.76ms 内采集的。因而多普勒滤波器带宽为 129Hz。采样率的选择应保证具有 66kHz 的多普勒频率覆盖范围。

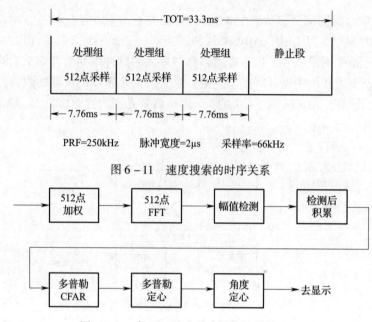

图 6 – 11　速度搜索的时序关系

图 6 – 12　高 PRF 速度搜索的信号处理过程

6.3　跟踪状态下处理流程

目标跟踪是对目标的距离、多普勒频率（速度）和角度这些空间位置参数进行连续测量的过程。

图 6 – 13 是一个具有完成单目标跟踪所需闭环处理的雷达原理组成框图。

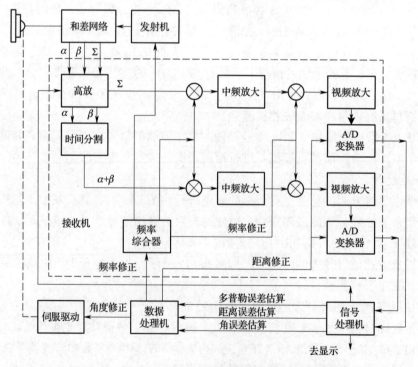

图 6 – 13　单目标角度、速度和距离跟踪雷达原理框图

在这个系统中，有两个接收机通道（和、差通道），以满足单脉冲角度跟踪的要求，反映目标方位角和俯仰角误差的信号，采用时间分割的方法交替加到差通道进行放大和处理。

信号处理机测量到跟踪误差后，可用一个诸如卡尔曼滤波或（$\alpha-\beta$）滤波之类的预测滤波算法，在雷达计算机中对误差数据进行滤波计算，并得出各种参数的修正估值，对跟踪进行修正。当信号处理机通过单脉冲处理判断目标不在雷达波束中心时，就送出一个角度修正信号给天线伺服系统。同样，当目标的多普勒频率没有精确地定位于跟踪滤波器中心时，频率综合器将被适当地调整，实现目标的多普勒频率跟踪。最后，当目标在距离上发生移动时，A/D 定时关系将被稍许变动，以使距离波门与目标回波的中心重合。

下面对信号处理机的讨论包括：低 PRF 测距与角度跟踪；中 PRF 的距离、多普勒和角度跟踪；以及高 PRF 的多普勒和角度跟踪。

6.3.1　低 PRF 跟踪

低 PRF 跟踪的简单时序关系如图 6－14 所示。

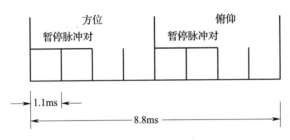

图 6－14　低 PRF 跟踪时序

该时序划分为两个处理组，一个用于方位测量，另一个用于俯仰测量。

每个处理组包括 4 个脉冲周期间隔，两个用于 AGC 处理，两个用于距离和角度测量。两个脉冲周期间隔便于对误差测量作平均。该时序关系中总时间小于 9ms，因而允许对误差作反复多次的测量和修正。由于在单目标跟踪工作方式中天线始终对准目标，因此时序不受照射目标时间的约束。

6.3.1.1　距离选通

通过截获过程，目标粗略位置已经确定。由于跟踪工作方式中人们所关心的目标只有一个，因此大多数距离单元可以弃之不用。在每个脉冲周期间隔的 1024 个距离单元中，只有极少几个用得着。当然，早单元和晚单元是要保留的，在跟踪单元的两边通常也各保留几个距离单元用以确定信号干扰比。

6.3.1.2　距离与角误差的测量

距离和角误差的测量方法都采用分裂门形式。距离误差是利用和路通道的采样值进行计算求出。角误差测量是一个两步处理过程。

首先，选出最大的和通道跟踪单元，以及与其对应的差通道单元。例如，如果早单元是最大的和通道单元，则将它与差通道早单元一起选出来用作角误差的计算。

距离与角误差测量结果要在低 PRF 跟踪时序所示的两个脉冲周期间隔里作平均，然后才能送到雷达计算机作滤波处理。

6.3.2　中 PRF 跟踪

中 PRF 波形允许雷达作距离、多普勒和角度跟踪。雷达试图使目标始终处于两个距离单元的中心与两个多普勒滤波器之间。

事实上，跟踪时中 PRF 波形所引起的距离与多普勒模糊已经无关紧要了，因为在搜索与截获阶段模糊已经分辨，只要录取到各跟踪门的偏移量，新的不模糊距离与多普勒频率就可以轻易地确定下来。

中 PRF 跟踪状态的时序关系如图 6-15 所示。

其脉冲宽度、脉冲周期以及总处理时间均未给出，因为它们可以根据情况来选择。到底选用 8 重 PRF 中的哪一重，取决于目标对哪重 PRF 相应的距离盲区和多普勒盲区接近的程度。

例如，在某重 PRF，如果目标在低或高多普勒滤波器之中出现，它又可能接近主瓣杂波，

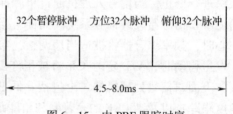

图 6-15 中 PRF 跟踪时序

则需考虑另外的 PRF。同样，如果目标在早或晚距离单元之一中出现，它又可能接近发射脉冲引起的遮挡区，则同样要避免用该重 PRF。

时序划分为三段，暂停脉冲依然用于确定 AGC 增益，另外两组脉冲则用于方位与俯仰角误差的测量。另外，信号处理中的杂波对消、脉冲压缩、加权以及 FFT 等的处理方法与中 PRF 搜索方式的处理方法一样，此处不再重复。

6.3.2.1 距离—速度选通

距离选通照样用于中 PRF 跟踪，目的是为获得有效的数据压缩。不过由于脉冲周期间隔不同，中 PRF 获得的数据压缩率小于低 PRF 跟踪时的数据压缩率。低 PRF 跟踪数据可压缩可达 99%，而在中 PRF 只能压缩 80%。因为必须对 32 个 PRI 中的每个脉冲周期间隔的那些对应距离门的距离单元都进行采集，才能作多普勒频率测量。

6.3.2.2 距离误差、速度误差和角误差的测量

中 PRF 跟踪的距离误差、速度误差和角度误差可用与低 PRF 跟踪相同的方法确定，即和通道的数据用于距离和速度误差的计算，而角度误差测量则需要同时用和、差两通道。

6.3.3 高 PRF 跟踪

高 PRF 跟踪主要是跟踪目标的速度与角度，简单的高 PRF 跟踪时序如图 6-16 所示。

在第一阶段，测量方位和速度的误差；

在第二阶段，则测量俯仰和速度的误差。

在每个阶段的末尾都对速度误差作平均，其结果与方位、俯仰误差一起送到雷达计算机作滤波与距离外推计算。

速度误差是用和通道的数据进行计算，计算方法与中 PRF 相同；角度误差的计算方法与中 PRF 跟踪时的方法相同。

从以上各种脉冲多普勒雷达工作方式的讨论中可以得出以下结论：

低 PRF 工作方式对无模糊地测距最好，实现起来最简单。

高 PRF 工作方式可以无模糊地测量全部有关目标的多普勒频移并能提供粗略的距离

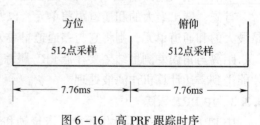

图 6-16 高 PRF 跟踪时序

估值，实现的复杂性居中等程度。

中 PRF 工作方式则能够作距离与多普勒两维的模糊分辨，实现起来也最复杂。

虽然许多雷达设计都是针对具体的应用要求寻求一种最佳 PRF，但是多工作方式方案的优点切不可忽视。

例如，在搜索工作方式中，如果交替使用高/中 PRF，则中 PRF 可以获得精确的距离测量，而高 PRF 则能获得精确测速、高信噪比以及有利的杂波特性等好处。在跟踪方式中，用一种 PRF 的测量结果来确认另一种 PRF 的测量的这种能力是极其宝贵的，特别是有干扰存在的时候。

6.4　DBF 技术及其应用

雷达的工作通过发射和接收电磁波信号，将调制在回波中的目标信息，通过信号处理、数据处理，来获取目标的空间位置信息或图像信息的。可见，在雷达工作过程中，雷达波束起着非常关键的作用，发射时，电磁波能量聚集在波束中向指定的空域辐射；接收时，天线接收到目标的回波波束，对之再进行后端的信号数据处理。对具体的雷达设备来讲，波束可以是一个，也可以是多个，形成多波束的方法有多种，不同实现方法的技术复杂程度不同，也直接影响机载雷达的战术性能。雷达多波束的形成，从工作频率角度上讲，可以在高频或中频形成；从实现方法上看，可以用模拟的方法也可以用数字的方法；从传输过程看，发射时可以形成多波束，接收时也可以形成多波束，具体采用的实现方案，要根据对雷达的性能技术要求、雷达使用环境等具体条件来确定。天线形式是雷达多波束能力的重要因素，通常情况下，只有采用了相控阵天线的相控阵雷达可以利用同一天线口径形成多个独立的发射波束和接收波束。

6.4.1　数字波束形成（DBF）

首先我们来看雷达模拟波束的形成过程，模拟波束的形成原理框图如图 6 – 17 所示。图中的模拟波束形成由天线阵列、模拟延迟、模拟求和、集中的接收机和 A/D 转换等几个部分组成，雷达工作过程中，电磁波的波前可以看作从感兴趣目标来的回波，目标回波会在不同时刻击中每个阵列单元，为了在特定的方向形成波束，天线阵列的每个单元后必须连接一个时间延迟单元，这个延迟单元把每个阵列单元收到的信号进行适当的延时，再将时间延迟后的输出进行矢量求和，同相相加，在期望的方向上就形成了波束。这就是模拟波束的形成过程。

与模拟波束形成不同，图 6 – 18 所示为数字波束形成原理框图。为了实现空间信号处理的灵活性，最理想的数字波束形成是在每一天线单元后面接上一路数字接收机，实现接收信号的数字化，然后经过数字延迟和数字求和，采用数字信号处理的方法实现波束形成。

什么是 DBF？数字波束形成就是一种以数字技术来形成波束的技术，利用阵列天线孔径，通过数字的方法在期望的方向上形成接收波束。由于在基带上保留了天线阵列单元信号的全部信息，因而可以采用先进的数字信号处理技术对天线阵列信号进行处理，以获得波束的优良性能。为了实现空间信号处理的灵活性，理论上讲，最理想的数字波束形成是在每一天线单元后面接上一路数字接收机，实现信号数字化，然后采用数字信号处理的方法实现波束形成。阵列天线输出的信号通过通道接收机、A/D 采样模数转换后，送到数字波束形成器的处理单元, 信号处理器完成对各路信号的复加权处理, 最终产生不同指向的所需波束信号。

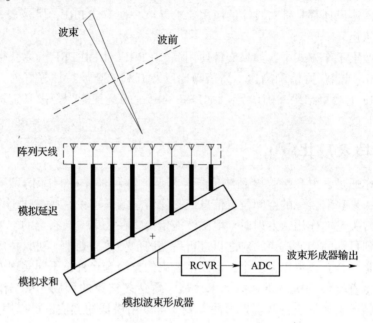

图 6 – 17 模拟波束形成框图

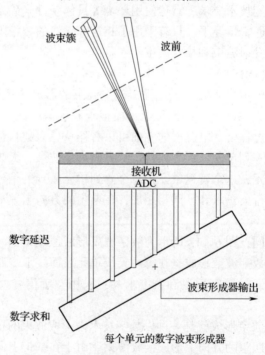

图 6 – 18 数字波束形成框图

图 6 – 19 所示为一个应用数字波束形成技术的雷达接收机的基本原理框图。可以看出 DBF 接收阵主要由天线阵面 (阵列天线)、通道接收机阵列、A/D 采样与处理板、信号处理计算机等部分组成。

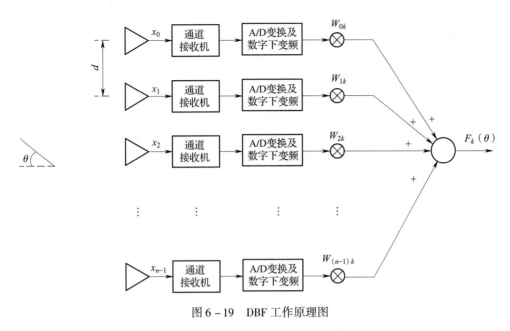

图 6 – 19　DBF 工作原理图

图中天线阵列是由 n 个天线辐射单元等间距 d 排列，n 个天线辐射单元中每一个单元后面接一个数字通道接收机（由通道接收机、A/D 变换和数字下变频组成），输出数字信号为 $X(n)$，$X(n)$ 送至信号处理机进行加权，信号处理器完成对各路信号的复加权处理，将加权过的信号根据需要进行组合，最终产生不同指向的所需波束信号 $F_k(\theta)$。权值 W_{ik} 可以预先确定，也可以根据实时场景数据和设定的准则自适应计算，采用自适应权值计算确定权值实现方法是自适应波束形成（ADBF）。

具体工作过程描述如下，令 n 单元天线阵接收到的信号矢量为 X，即 $X = [x_0, x_1, x_2, \cdots, x_{N-1}]^T$，式中，$X_i$ 为第 i 个单元接收到的复信号，如图所示，通过数字式通道接收机实现，即 $X_i = I_i + jQ_i$，在来波方向上，第 k 个辐射单元波程差产生的相位差为 $\Delta\phi_k = \frac{2\pi}{\lambda}d\sin\theta_k$，为形成第 k 个波束，需要的对第 i 个单元通道的复加权系数 W_{ik}，$W_{ik} = a_i\exp(-j\Delta\phi_k)$，则第 k 个波束的接收信号的矢量加权量 $W_k = [W_{0k}\ W_{1k}\cdots W_{ik}\cdots W_{(N-1)k}]^T$，加权后的复信号经相加、求和便得到数字形成网络的输出函数，加权求和后输出的合成波束为 $F_k(\theta) = \sum\limits_{i=0}^{N-1} W_{ik}X_i$，$F_k(\theta)$ 便是第 k 个波束的方向函数。通过改变矢量加权量 W_k，数字波束形成可以在任何需要的方向上，提供任意数量的同时多波束和所需要的波束形状。

由上分析知，DBF 的物理意义在于对某一方向的入射信号，用复数权矢量 W 的相位对阵列各分量进行相位补偿，使得在信号方向上各个分量同相相加，以形成天线方向图的主瓣，而在其他方向，非同相相加形成方向图的副瓣，副瓣甚至小到零。雷达波束的形成就是通过调整天线阵元的权矢量来自动地优化阵列天线的方向图，以求在特定方向上形成主波束以接收有用的期望信号，在其他地方抑制干扰信号形成零点。换言之，雷达波束形成系统就是一个空域滤波系统，为了能根据雷达工作环境或雷达工作方式的变化而快速改变空域滤波的权矢量，空域滤波器的特性就需要随之发生变化，使其具有自适应能力，使空间滤波器在干扰方向具有可能低的响应，而同时在目标方向保持尽可能大的响应。

6.4.2 数字波束形成（DBF）优势

数字波束形成较之模拟波束形成，具有明显的优势，对提高雷达性能有着深远的影响。其优点主要表现在以下几个方面。

6.4.2.1 波束形成灵活，实现同时多波束

由数字波束形成的原理可知，DBF 的特性由权值矢量 W_{ik} 控制，灵活可变，权值 W_{ik} 的自适应选取，还能自适应同时形成多个独立可控的数字波束，并且不损失接收信号的信噪比，使得雷达天线具有良好的自校正和低副瓣性能，改善雷达角分辨率，进行非线性处理并实现空域干扰抑制等特性。波束的灵活可控，使得 DBF 可以提供比单波束的模拟波束形成阵列更加有效的时间—能量管理。值得注意的是，DBF 可以产生同时多波束，是用能量来换取帧搜索时间的减少，如果仅在接收时采用多波束，那么发射波束应是宽波束，宽度覆盖所有接收波束。

6.4.2.2 实现二维空时自适应处理（STAP），空间目标分辨能力增强

普通的脉冲体制雷达，仅从时域去分辨目标，脉冲多普勒（PD）雷达是对目标回波的多普勒频移 f_d 即频域上区分目标的，为了抑制多普勒扩散后的运动杂波，PD 雷达采用较长的相干积累时间，使多普勒滤波器的带宽变窄，对与目标同频的杂波无能为力，客观上存在多普勒探测盲区。采用 DBF 后，由于阵列天线雷达波束形成灵活可控，可以利用杂波和目标回波的空间信息，从时域和空域二维频域去区分杂波和目标，实现二维空时自适应处理（STAP），减小雷达的探测盲区，提高机载雷达对目标的空间分辨能力。

6.4.2.3 动态范围提高，信号信噪比提高

由前面分析知，在模拟波束形成系统中，只有一部接收机和模数转换 ADC，受限于单接收通道能力，系统的动态范围相对较小。而在数字波束形成（DBF）系统中，有多部接收机和模数转换 ADC，系统的动态范围是由多部接收机组合起来决定的，远远大于单接收通道的动态范围。例如，假设每个 ADC 引入的噪声幅度相等且互不相关，那么 100 个通道的输出组合形成一个波束，则与使用相同 ADC 的单通道接收机系统相比，系统动态范围提高 20dB。

6.4.2.4 雷达抑制干扰能力显著增强，可以实现辐射方向图置零

机械扫描雷达具有确定的方向图，形成的雷达波束属于模拟波束范畴，通过对雷达辐射信号的幅度加权，利用整个阵面孔径的线性相位波前，最终合成符合雷达指标要求的副瓣电平的波束，当不存在干扰信号时，雷达可以正常探测目标。但是在复杂电磁环境下使用雷达时，由于存在各种有意射频干扰信号，具有确定方向图的天线系统性能显著降低。数字波束形成（DBF）天线系统，可以通过调整每个接收机的权值达到输出信噪比最大化，每个接收机信号的幅度和相位权值自适应计算和执行，以使期望的信号相干合成，而干扰信号非相干合成，雷达天线具有自适应的方向图，即雷达天线方向图可以随使用环境实时改变，具有天线方向图自适应置零能力，接收雷达需要的有用信号，同时抑制不需要的干扰信号。

实际的雷达系统可以利用确定式射频置零在发射和接收方向图中设置零点。发射时，零点可以设置在强地面杂波的方向，以减少反射回天线的杂波功率。有源阵列一般可以实现每个单元上的幅度和相位控制，允许使用全幅度和相位置零或仅相位置零。发射时，整

个天线孔径采用均匀照射来产生最高的孔径利用效率，发射通道的大功率放大器保持在饱和状态，因此，发射置零时，使用相位置零来保持孔径效率。接收时，阵面的幅度权值一般用来产生较低的副瓣电平，采用全幅度和相位控制对辐射方向图置零。

6.4.3　DBF 技术在机载雷达上的应用

　　前面讨论了 DBF 在单元级实现的技术原理，理论上讲，单元级 DBF 的全数字阵列，可以同时形成多个独立波束，这些独立波束可以扫描到任意方向，但是，单元级 DBF 要求每个辐射单元都有一个数字接收机，其中包含有下变频器和模数转换 ADC，而一个雷达天线系统的辐射单元很多，可达上千个，这么庞大的数字接收机在工程实现上是不现实的，并且雷达要处理的数字数据量非常庞大，实际的雷达设备常常在子阵级而不是单元级实现 DBF，除了考虑雷达为形成接收波束所需处理的数字数据量较少之外，还要综合考虑雷达的尺寸大小、质量轻重以及数字接收机的成本等诸多因素。数字波束形成（DBF）一般采用 DSP 等可编程芯片实现，灵活性和可扩展性强。

　　子阵级 DBF 是将天线阵面辐射单元按照一定的规则分成若干个子阵，每个子阵由若干辐射单元组成，子阵级 DBF 要求每一个子阵有一个数字接收机，这样就减少了数字接收机的数量，图 6 – 20 为子阵级 DBF 结构框图。

　　子阵级 DBF 可分为两个步骤，先是在每个单元上使用移相器，经过模拟延迟，采用模拟子阵波束形成器，输出到每个子阵的数字接收机；数字接收机位于每个子阵输出端，再在子阵数字接收机进行子阵级的数字时延来实现时延控制，用数字合成子阵形成同时多

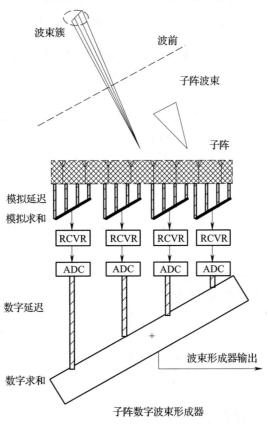

图 6 – 20　子阵数字波束形成框图

波束，它们彼此相互独立，子阵级 DBF 可以实现在子阵方向图内的同时多个波束簇。子阵接收信号可重复使用，改变子阵接收信号的相位，可改变接收波束指向。

图 6 – 21 为典型机载相控阵火控雷达的子阵分布图。

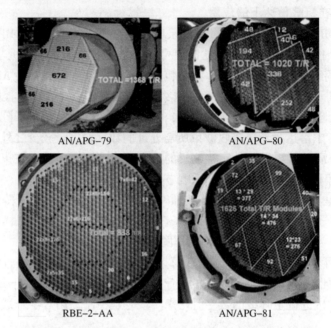

图 6 – 21　典型机载相控阵雷达子阵分布图

图中，以 F – 18 飞机装备的 APG – 79 火控雷达为例，其有源相控阵天线阵面由 1368 个辐射单元，分为 7 个子阵，每个子阵由 216、672、216、66、66、66、66 个辐射单元组成。具有子阵数字多波束形成能力。

数字波束形成（DBF）技术是现代相控阵机载雷达提升性能的主要技术手段，采用 DBF 技术，雷达工作时间余量大，使雷达能实现更快的空域监视，多目标探测与稳定跟踪，大幅提升机载雷达的作战效能，适应未来复杂多变的战场环境，具有显著的优越性，应用广泛。

小　　结

本章主要对机载火控雷达的信号数据处理进行了介绍。主要介绍雷达信号处理的作用、数据处理的作用，雷达在不同脉冲重复频率下搜索和跟踪目标的信号处理过程。最后介绍了相控阵火控雷达中使用 DBF 技术及其技术优势。

复习思考题

1. 雷达信号处理的基本作用是什么？
2. 雷达数据处理的基本作用是什么？

3. 简述 PD 雷达 LPRF 搜索目标的信号处理流程。

4. 简述 PD 雷达 MPRF 搜索目标的信号处理流程。

5. 简述 PD 雷达 HPRF 搜索目标的信号处理流程。

6. 简述 PD 雷达 LPRF 跟踪目标的信号处理流程。

7. 简述 PD 雷达 MPRF 跟踪目标的信号处理流程。

8. 简述 PD 雷达 HPRF 跟踪目标的信号处理流程。

9. 什么是 DBF？

10. DBF 的优势是什么？

第7章　火控解算简介

航空火力控制原理是研究从空中运载平台上投射武器弹药攻击目标的控制规律、瞄准原理和瞄准方法的专门理论。从火控系统的定义可知，航空火力控制原理分析研究范围涵盖了引导载机至作战空域进行攻击占位、探测、识别、跟踪、瞄准目标，控制武器弹药按一定方向、时机、密度和持续时间投射，完成制导弹药中末制导交班，判定作战效果，引导载机退出各个阶段的攻击全过程。

航空火力控制原理具有以下主要特点：

制导武器若配备火控系统，能明显改善制导系统的工作条件，提高对机动目标的反应能力，减少制导系统的失误率。制导武器使用时，从载机攻击占位、武器准备到发射后中末制导交班前的过程都与机载火控系统有关。尽管制导武器具有一定的弹道修正和自主攻击能力，但它们的攻击范围是一定的、有限的，必须按照规定条件正确使用，必须实施不同程度的火力控制才能发挥它们的作战效能，完成作战任务。

非制导武器必须配备火控系统，以提高瞄准、发射的准确性和快速性，增强对恶劣战场环境的适应性，提高武器对目标的毁伤概率。航炮、航空火箭弹、航空炸弹等非制导武器的火力控制，是火控系统根据环境条件、武器弹药性能，载机与目标的相对位置关系，按照火控原理预测命中点位置，在确定的方向、时机，以一定的密度和持续时间，投射武器弹药。所投射的武器弹药能否命中目标，完全取决于投射瞬间的投射条件，武器弹药一旦投射，火力控制过程即告结束。但为了尽可能地杀伤目标，载机必须按由火控原理确定的特定攻击曲线飞行才能持续获得命中目标的开火机会。发起攻击前，尽可能地获得目标位置的精确信息，载机的攻击占位，载机与目标的相对位置关系、速度差异都会影响攻击过程的实施。

7.1　基本知识

7.1.1　空空导弹典型导引规律

导引规律简称制导律，导引规律描述了武器和目标之间或目标、武器与载机之间相对坐标的变化规律。对于相同的武器和目标，当选择不同的导引规律时，飞行轨迹也不同。对空空导弹导引的实质是对导弹的速度矢量实施控制。

导弹攻击过程中，在不考虑载机的迎角和侧滑角条件下，载机、导弹、目标间的相对运动几何关系如图7-1所示。

空空导弹的经典导引方式主要有：纯追踪法、平行接近法和比例导引法。

（1）纯追踪法

纯追踪法是使导弹飞行的每一时刻，其速度矢量始终指向目标，即保持导弹前置角 $\phi_{DD}=0$。纯追踪法几何示意如图7-2所示。

（2）平行接近法

平行接近法是使导弹飞行的每一时刻，其目标视线始终保持平行，即 $\dot{q}_{DD}=0$。平行接近法几何示意如图7-3所示。

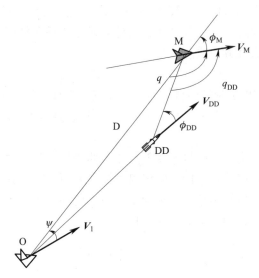

图 7-1 载机、导弹、目标间的相对运动几何关系

q—目标进入角；V_1—载机速度矢量；V_M—目标速度矢量；

V_{DD}—导弹速度矢量；ψ—载机前置角；Φ_M—目标前置角

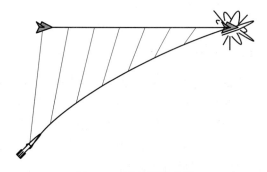

图 7-2 纯追踪法弹道

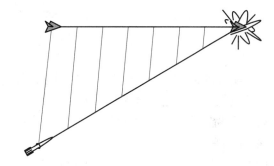

图 7-3 平行接近法弹道

（3）比例导引法

在工程上要求导弹目标视线角速度 $\dot{q}_{DD}=0$ 是不可能实现的，但要做到导弹速度矢量转动角速度正比于导弹目标视线角速度，即 $\dot{Q}=k\dot{q}_{DD}$ 则是可行的，这就是比例导引法。

由于比例导引法具有飞行弹道比较平直，并且在技术上制导系统容易实现的优点，空空导弹末制导一般采用修正的比例导引规律。

对机动过载不大的活动目标，比例导引律是合适的；但机动过载大的目标，采用比例导引律会带来较大的导引误差。

7.1.2 瞄准发射方式

按发射制导武器时，载机或武器纵轴瞄准目标所取的方向，可以区分出不同的瞄准发射方式。有追踪发射、拦射发射和离轴发射等方式，制导武器的瞄准发射方式不同，对发射后制导武器导引规律的实施有很大影响。

（1）追踪发射

追踪发射方式要求载机纵轴始终直接对准目标。这种发射方式对机载火控系统要求较低，但对载机攻击空中目标时的占位要求很高。为了便于占位，可以采取导弹定轴扫描、适当增加载机允许的导弹发射范围等措施，这种发射方式只在早期的空空导弹所采用，雷达寻的导弹也可以采用这种方式应急发射。

（2）拦射发射

拦射发射时，导弹速度矢量指向目标前置碰撞点，沿直线弹道飞行，导弹导引头天线轴相对于导弹轴向后偏转一定角度跟踪目标。发射前所需前置碰撞点参数由机载火控系统提供。

（3）离轴发射

离轴发射是指导弹发射前，载机速度矢量方向偏离目标某一角度，导弹导引头天线轴相对于导弹轴偏转某一角度截获目标，向偏离目标的方向发射导弹。导弹截获目标时，导引头天线轴相对于导弹轴偏转的角度，称为离轴角。离轴角的大小和方向，随着目标和攻击机之间的相对位置和导弹的机动能力而变化。

图7-4　空空导弹的不同发射方式

实施离轴发射时，导引头位标器轴线偏离导弹轴线一个比较大的角度，导引头位标器就能在较大的范围内迅速地截获并跟踪目标，使导弹攻击范围扩大。向目标飞行前方发射，称为前置离轴发射，前置离轴发射实际上就是拦射发射或近似的拦射发射，导弹飞行路线上的过载减小，但是载机向目标前方飞行，容易进入被目标攻击的范围，这是其不利的一面。由于近距格斗导弹有比较大的可用过载，通常总是将导弹向目标后方发射，称为后置离轴发射。后置离轴发射具有明显的战术优势。

离轴角等于零，就是追踪发射，所以追踪发射可以认为是离轴发射的一种特例。为了实施离轴发射，机载火控系统可以采用火控雷达或头盔瞄准具首先跟踪目标，以引导导弹导引头快速截获目标。

7.1.3　对地攻击影响因素

轰炸和空对地射击时，最明显的影响因素就是风对攻击过程的影响。

空对空射击中，载机、目标、武器弹药都是相对于和空气固连、随风而动的绝对坐标系运动。在有限的射程范围内，可以认为是处在相同的风的环境中，风速、风向对载机、目标、武器弹药的影响是相同的，因而在绝对（相对）坐标系中所列出的运动方程式中，将风的影响如同地球转动的影响一样，从运动方程式中排除，方程中不出现风速矢量。

但是轰炸和空对地射击中，载机和武器弹药相对于和空气固连、随风而动的绝对坐标系运动，而目标相对于地理坐标系运动，因此必须考虑绝对坐标系相对于地理坐标系的运动。通俗地说，风只作用于载机和武器弹药，而通常的风是吹不动地面固定目标的，即使是对地面上的活动目标，风的影响也微乎其微。总之，在轰炸瞄准中，在确定目标相对于载机的运动速度时，就必须考虑载机相对于空气的速度、空气相对于地面的运动（风速、风向）和目标相对于地面的速度（见图 7 – 5）。

　　风的变化是很复杂的，风速、风向会随时间、地域、高度而改变，尤其是在低高度上，风速、风向受地形、地貌的影响就更加复杂，因此在轰炸和空对地射击火力控制问题中，往往对风的处理作如下简化假设：

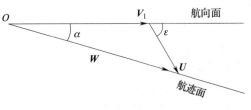

图 7 – 5　风向角、偏流角与地速

　　（1）不考虑垂直风的影响，即认为风速矢量始终在水平面内，垂直面内无风；

　　（2）不考虑风速、风向随飞行高度的变化，即不计中间风的影响；

　　（3）在武器攻击射程范围内，风速、风向不变化，风速矢量为常数。

　　无风时，飞机相对地面固定目标的运动速度等于飞机相对静止大气的运动速度，即飞机的空速矢量 V_1。有风时，风向用风向角表示。将通过 U 所做的铅垂面称风向面，风向面与航向面的夹角称相对风向角，简称风向角 ε。风向角由航向面作为参考面，按右手定则确定其正方向，度量范围为 0°～360°，对载机来说，顺风向轰炸，$\varepsilon = 0°$，逆风向轰炸，$\varepsilon = 180°$，除去 $\varepsilon = 0°$、$\varepsilon = 180°$ 外，均称为侧风。

　　有风时，飞机相对地面固定目标的运动由两部分运动组成，即相对于空气的运动（速度为空速矢量 V_1）和随空气一起的牵连运动（速度为风速矢量 U）。这时飞机相对地面的运动速度为地速矢量 W，则 $W = V_1 + U$。以通过 V_1 的航向面为基准，按右手定则旋转至通过 W 的航迹面，确定 V_1 和 W 之间的偏流角 α 的正方向。

7.1.4　航向坐标系中的水平轰炸瞄准图

　　对地轰炸时，载机、炸弹、目标相互位置和运动关系的几何图形称为瞄准图。通常用得较多的是在航向坐标系和地速坐标系。图 7 – 6 是航向坐标系（$(OXYZ)_H$ 中的水平轰炸瞄准图。

　　航向坐标系的坐标系原点 O_H 取在载机质心上，$(OZ)_H$ 轴指向地心，$(OX)_H$ 轴和飞机速度矢量 V_1 一致，$(OY)_H$ 轴按右手定则确定。

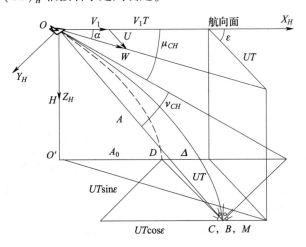

图 7 – 6　航向坐标系中的水平轰炸瞄准图

无风时，载机在点 O 处水平投弹，根据载机飞行高度 H、空速 V_1 和炸弹参数等攻击条件，可以计算出该炸弹经过时间 T 后落在地面上点 D，点 D 称为命中点，又称爆炸点或炸弹落点。

命中点 D 的位置，可以用 D 点在航向坐标系 $(OXYZ)_H$ 中的两个坐标表示，即

纵向射程 $\qquad\qquad\qquad A_{XH} = A_0$

铅垂射程 $\qquad\qquad\qquad A_{ZH} = H$

A_0 称为炸弹无风射程，$\Delta = V_1 T - A_0$ 称为炸弹的退曳长，A_0、Δ 和炸弹落下时间 T 都是投弹高度 H、投弹速度 V_1、炸弹标准下落时间 Θ 的函数，可用弹道方程求出。

当有侧风时，载机在点 O 处水平投弹，根据载机飞行高度 H、空速 V_1、炸弹参数和风速 U、风向角 ε 等攻击条件，可以计算出该炸弹经过时间 T 后落在地面上点 C 的位置。

命中点 C 的位置，可以用 C 点在 $(OXYZ)_H$ 坐标系中的三个坐标表示，即

纵向射程 $\qquad\qquad\qquad A_{XH} = A_0 + UT\cos\varepsilon$

侧向射程 $\qquad\qquad\qquad A_{YH} = UT\sin\varepsilon$

铅垂射程 $\qquad\qquad\qquad A_{ZH} = H$

从上述两组表达式可知，在风的作用下，同样在点 O 处水平投放的炸弹，其纵向射程和侧向射程有了变化，射程增量与风速 U、风向角 ε 和炸弹落下时间 T 有关。

当载机到达点 O 处可以投弹时，载机显示的瞄准光环位置与航向坐标系中的俯仰角 μ_{CH}、方位角 ν_{CH} 相对应。

7.1.5 地速坐标系中的水平轰炸瞄准图

图 7 – 7 是地速坐标系 $(OXYZ)_W$ 中的水平轰炸瞄准图。

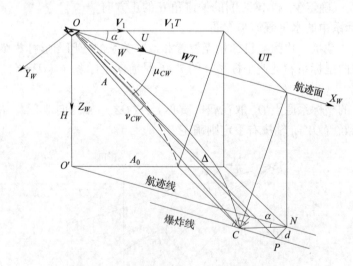

图 7 – 7 地速坐标系中的水平轰炸瞄准图

地速坐标系坐标原点 O_W 取在飞机质心上，$(OX)_W$ 轴和飞机地速矢量 $\boldsymbol{W}$ 一致，$(OZ)_W$ 轴指向地心，$(OY)_W$ 轴按右手定则确定。地速坐标系相对于航向坐标系采用 Z – Y – X 方式转过角度 $\alpha - 0 - 0$，α 称为偏流角。

命中点 C 的位置，可以用 C 点在地速坐标系 $(OXYZ)_W$ 中的三个坐标表示，即

$$A_{XW} = WT - \Delta\cos\alpha$$

$$A_{YW} = \Delta \sin\alpha$$
$$A_{ZW} = H$$

从图中可以看出，命中点偏离通过地速 W 的铅直平面——航迹面，落在地面航迹线一侧（取决于风速方向），距航迹线距离 d 称为横偏长或侧射程，$d = A_{YW} = \Delta \sin\alpha$。

如果载机在水平轰炸条件（H，V_1，Θ，U，ε 等）确定时，连续投弹，命中点 C_1，C_2…都落在一条直线上，这条由连续投弹爆炸点连成的线，称为爆炸线。显然，爆炸线与地面航迹线平行，且相距为横偏长 d。

由图可以看出，载机要完成对目标 M 点的轰炸，爆炸线必须从目标 M 点通过。爆炸线距载机地面航迹线的距离横偏长 $d = \Delta \sin\alpha$ 与载机空速矢量 V_1 有关。空速矢量 V_1 变化，投弹点的位置也就不同。当载机进入目标方向确定后，即空速矢量 V_1 确定后，载机只要连续计算出如果当前时刻投弹，炸弹在地面上的命中点 C 的位置，当命中点 C 与点 M 重合时，即可投弹。也就是说，载机对目标 M 点进行水平轰炸需完成方向瞄准与距离瞄准。

方向瞄准是指载机根据当前飞行高度、速度、炸弹参数（炸弹标准下落时间等）、风速和绝对风向角，根据目标位置，改变飞机航向，使得根据上述参数计算的爆炸线延长线通过目标，然后保持等速直线飞行，完成方向瞄准。

距离瞄准是指完成方向瞄准后进入正确的轰炸航路后，载机保持等速直线飞行，在此过程中连续计算出如果当前时刻投弹，炸弹在地面上的命中点的位置，当命中点与目标重合时，即可投弹。比较两个点的位置也可以用投弹斜距（载机与计算命中点之间距离）和目标斜距（载机与目标之间距离）进行比较，当两者相同表示已到投弹点，即完成距离瞄准。完成距离瞄准的标志是在显示器上的命中点标志符号与目标重合。

7.2 对空攻击火力控制

对空攻击主要使用空空导弹，空空导弹属于空空制导武器，其攻击区与载机、目标、大气环境有关，尤其与载机与目标的相对位置有关。必须实施火力控制，按照规定条件正确使用，才能发挥它们的作战效能，完成作战任务。

7.2.1 空空导弹可攻击区

空空导弹的攻击区又称允许发射区，是位于目标或载机周围的一个空间区域，当载机在这个区域之内发射导弹，将以不低于规定的概率杀伤目标。攻击区表示了空空导弹在一定的发射条件下对空中目标进行作战的能力，是武器系统的基本性能指标，是导弹及其机载火控系统硬件、软件的设计依据。空空导弹的攻击区一般由动力学攻击区和制导系统最大作用距离两者决定，近界主要由动力学攻击区决定，远界由两者中较弱的一方决定。

动力学攻击区是由导弹的空气动力学特性、质量特性、发动机性能、能源系统工作时间、控制系统性能和目标运动特性所确定，它是通过在选定条件下的弹道计算得到的。空空导弹动力学攻击区计算一般采用六自由度的导弹数学模型，输入载机发射条件、目标信息和机动假设等条件，就可算出在该处发射的导弹能否命中。

空空导弹的发射载体是飞机，发射点的高度和速度变化范围很大，发射条件中不仅有上射和平射，还有下射，对中距拦射空空导弹，往往要求全方位攻击，即不仅能进行迎头和前侧的拦射攻击，还要进行后半球追踪攻击，因此空空导弹攻击区计算十分复杂。空空导弹攻击区一般是以若干个攻击剖面攻击区边界的形式给出。

通常应用比较普遍的是以被攻击目标为中心的导弹攻击区。攻击区中心是被攻击目标，由远边界和近边界围成。攻击区直观地表示了不同进入角方向上的最大、最小发射距离。其他攻击条件用文字注明，例如，飞行高度或高度差，离轴角，目标、攻击机速度或速度比，目标机动方向和过载等。当目标进入角为0°~360°时，目标被攻击区全包围。此外对于某些空空导弹或在某些攻击条件下，攻击区可能是不连续的几块，也可能会出现孔洞。

限制攻击区远边界的主要因素通常有：导引头作用距离、弹上能源工作时间、导弹火箭发动机最大推力和工作时间、导弹和目标的最小接近速度、导弹的最小速度、导引头最大跟踪角和跟踪角速度，导弹和目标相遇的角度，此外还与攻击方式、制导体制、引信类型和引战配合要求等有关。

限制攻击区近边界的主要因素通常有：引信解除保险时间、导弹目标最大接近速度、导引头跟踪范围、导弹机动性、安全退出距离等。

图7-8是模拟仿真研究得到的导弹理论攻击区（水平剖面），图7-9是导弹垂直剖面攻击区示意图。

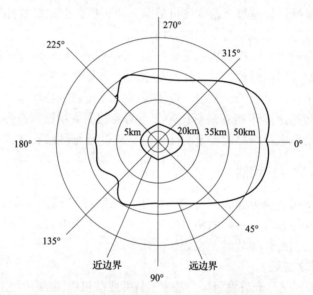

图7-8 导弹理论攻击区（水平剖面）

从上图中可看出，目标进入角、作战高度、目标是否机动会影响导弹攻击区的形状。实际上，导弹性能，载机飞行高度、速度，目标进入角，目标速度、目标高度差、机动能力，攻击航向相对太阳夹角，气象条件等，都影响到攻击区边界。

7.2.2 红外寻的导弹的火控原理

近距格斗导弹多采用红外寻的制导，主要用于近距格斗，具有较高的机动能力。

红外寻的导弹有直接瞄准、定轴扫描和随动状态等三种工作状态，如图7-10所示。

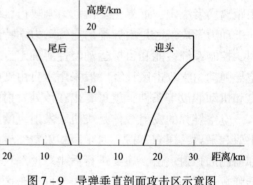

图7-9 导弹垂直剖面攻击区示意图

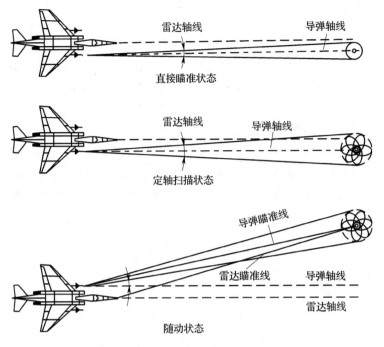

图 7 – 10　导弹导引头三种工作状态

（1）直接瞄准状态

此时导引头位标器的光轴锁定于导弹的纵轴方向。空战时载机机动飞行，使导弹轴线（载机轴线）对准目标，使导引头截获目标。飞行员可操纵飞机作纯跟踪攻击路线飞行，将目标保持在视场内。

（2）定轴扫描状态

和直接瞄准状态不同的是导引头位标器陀螺被预偏了一个角度，预偏的结果会引起陀螺圆周章动，位标器光轴以一个固定的偏角，围绕导弹纵轴转动，这样可以扩大搜索范围一倍左右。当目标落入位标器瞬时视场即被截获，导引头随即开锁而自动跟踪目标。

定轴发射方式下，在不考虑载机飞行迎角和侧滑角条件下，载机相对目标的攻击曲线就是纯追踪曲线。为了达到使攻击飞机能按纯追踪路线飞行，对火力控制的要求就比较简单，原则上说只要在光学显示器上显示一个符号，形成平行于机身轴线的瞄准线，用它瞄准目标，攻击机的飞行轨迹就是纯追踪曲线。

（3）随动状态

当火控系统中的雷达、光电搜索跟踪装置跟踪目标，或飞行员用头盔瞄准具瞄准目视可见目标时，目标位置信息经火控计算机解算，将目标相对于飞机坐标系的位置信息换算成导弹位标器坐标，导引头即随动于火控雷达或其他目标搜索跟踪装置。

在直接瞄准状态和定轴扫描状态下，导弹发射前，导引头位标器轴被锁定或离轴角很小，所以在攻击过程中飞行员要不断操纵飞机使载机轴线（导弹轴线）始终对准目标直到导引头截获目标，待载机进入导弹攻击区，满足发射条件时发射导弹，这种发射方式就是追踪发射，也称为定轴发射。随动状态下，导弹截获目标时，载机机头不必指向目标，当满足发射条件时发射导弹，这种发射方式就是离轴发射，随动状态需注意载机与目标的相对运动态势，防止导弹导引头受离轴角限位约束而丢失目标。红外寻的导弹发射后，载机即可脱离。

离轴发射有定轴瞄准/离轴发射和定轴扫描/随动方式发射两种。

现代作战飞机一般使用头盔瞄准具直接引导导弹导引头偏离导弹纵轴形成离轴角，进行离轴状态下的搜索扫描，目标一旦落入导引头视场，即被快速截获。目标距离由与头盔瞄准具同步随动的雷达、光电搜索跟踪装置测量或由飞行员直接人工装订。

7.2.3 中距主动雷达寻的导弹的火控原理

中距雷达寻的制导导弹一般可分为半主动式、主动式和被动式三类。对于雷达主动寻的导弹而言，照射目标的射频发射机设置在导弹上，接收目标回波信号的接收机也设置在导弹上。导弹在飞行过程中，不需载机雷达对目标提供射频照射，导弹发射后，载机即可机动飞行，脱离目标，具有发射后不管的能力。缺点是弹上设备复杂，弹上射频发射机的体积和重量受严格限制。

为了增加雷达主动寻的导弹的发射距离，一般都采用无线电校正指令的惯导/捷联惯导的中制导，即导弹发射后，在弹目距离进入导引头作用距离之前，导弹依赖载机不断地发送无线电校正指令进行惯导/捷联惯导的中制导飞行，无线电指令修正是由机载火控计算机根据目标运动和参数计算并形成，要求载机在导弹进入末制导前必须持续跟踪目标。为保证精度，在发射之前，载机火控系统必须向导弹提供载机速度、位置、姿态、重力分量等信息，以完成弹载惯导系统与机载惯导系统的对准。在导弹发射瞬间，载机火控系统还要向导弹装定目标的位置和速度信息；在导弹发射后且发射距离较远时，还要通过数据链传输系统向导弹传输目标的瞬时位置和速度信息。弹载计算机根据上述信息计算天线指向、距目标距离和目标的多普勒频率，以实现末制导段的截获与跟踪。

7.3 对地攻击火力控制

本节主要分为非制导武器和激光制导炸弹两类武器的对地攻击火力控制原理。非制导武器对地攻击是指从载机上投掷炸弹轰炸地（水）面目标，或用航炮、航空火箭对地（水）面目标进行射击。按照轰炸时载机运动规律的不同，轰炸方式分为水平轰炸和非水平轰炸两大类。水平轰炸是指载机在水平面内飞行中实施的轰炸，载机在水平面上机动飞行的称为水平面机动轰炸，作等速直线飞行的就称为水平轰炸。非水平轰炸又称垂直面机动轰炸，还可区分为俯冲轰炸、退出俯冲轰炸和上仰轰炸等。下面主要介绍连续计算弹着点 CCIP、连续计算投放点 CCRP 和激光制导炸弹的火力控制原理。

7.3.1 连续计算弹着点（CCIP）瞄准原理

连续计算弹着点（continuously computed impact point，CCIP）瞄准原理，是作战飞机实施轰炸和空对地射击时普遍采用的一种瞄准原理。

连续计算弹着点瞄准的基本原理是：火控计算机根据载机飞行高度 H、空速 V_1、俯冲角 λ、俯仰角 θ、炸弹参数和风速 U、风向角 ε 等攻击条件，连续计算出如果在当前时刻投弹，炸弹在地面上的弹着点的位置，将弹着点标志符号在显示器上显示出来，飞行员观察、比较显示器显示的弹着点标志符号与实际目标（或目标标志符号）的位置，操纵飞机使二者重合，重合时人工发出投射信息，将武器弹药投射出去。

连续计算弹着点瞄准的特点：

（1）计算并显示的弹着点位置与目标距离、运动参数等无关（活动目标除外）；

（2）目标必须是目视可见的，或用雷达（光电搜索跟踪装置）进行跟踪，在显示器上用目标标志符号显示目标位置，总之目标必须是"可见"的；

（3）武器弹药的投放信息是由飞行员发出的。

水平轰炸时，飞行员通过显示器观察目标、弹着点符号和炸弹落下线，操纵飞机用炸弹落下线压住目标，并使目标沿炸弹落下线朝弹着点移动，即表明飞机航向正确，已完成了对目标的方向瞄准，继续保持此航向水平等速飞行，待目标和弹着点重合时，就完成了对目标的距离瞄准，即可将炸弹投下。

7.3.2　连续计算投放点（CCRP）瞄准原理

连续计算投放点（continuously computed release point，CCRP）瞄准原理可实现载机在机动中进行轰炸瞄准，要求载机能精确地实时测量载机运动参数、计算预计投放点或目标相对于载机的位置。

CCRP 瞄准原理的基本思路是：在载机接近目标的过程中，首先对目标进行标定，然后不间断地、实时地计算出载机正确投放点位置，并与载机现实位置进行比较，从而求出将载机操纵到正确投放点位置的机动飞行信息，由飞行员操纵或由飞行控制系统操纵载机机动飞行，当载机机动飞行到正确投放点位置时，火控系统自动发出投放信息将炸弹投下。

正确投放点位于投弹圆上，随着载机航向的变化，正确投放点位置也相应改变。

根据载机机载设备功能，可以有不同的目标标定方法：

（1）适用于可用火控雷达测量目标距离信息的火控系统。雷达天线与显示器上显示的目标标定框随动，用目标标定框瞄准目标，通过测量目标斜距和方位获得目标相对载机的位置。

（2）飞行员人工设定目标位置参数。

由于引入系统的原始数据和系统各环节有一定误差，随着导航时间增长，会产生导航积累误差，因此要求使相对导航（即最后一次对目标标定）到投放点时间尽可能缩短，以提高轰炸精度。

CCRP 瞄准原理的特点：

①需要预先标定目标位置。

②在目标标定后，由于不间断地、实时地计算出正确投放点位置，因此要求机载火控系统配备有精确的载机位置和运动参数测量设备。

③载机现实位置与正确投放点位置的比较，当二者一致时发出投放炸弹信息，都是由火控计算机完成的，飞行员的作用在于根据火控系统所提供的机动飞行信息，操纵飞机机动飞行，或监控飞行控制系统操纵飞机机动飞行。

7.3.3　激光制导炸弹的火力控制原理

激光制导可分为两大类：寻的制导和指令制导。激光制导炸弹大多采用激光半主动寻的制导、速度追踪法制导规律。速度追踪法制导规律要求制导武器的速度矢量始终指向目标。弹上的导引头除了要探测目标反射的激光信号外，还要测出目标视线与弹体速度矢量之间的夹角。在使用时需要用本机、他机或地面的激光照射器或激光目标指示器照射目标、直到炸弹命中。

从载机上投放激光制导炸弹有两种方式：本机投放他机照射和本机投放本机照射。本机投放他机照射时，载机在投放后可脱离；而本机投放本机照射方式还需要载机持续跟踪照射目标，直到炸弹命中目标。

制导炸弹和空地导弹不同的是制导炸弹没有动力装置，因此制导炸弹的制导过程中不可能产生大过载机动，而仅是通过制导对弹道进行修正，使偏离预定弹道的误差减至最小。

激光制导炸弹轰炸瞄准原理与常规炸弹相似，亦采用连续计算弹着点（CCIP）和连续计算投放点（CCRP）原理。其区别在于：当攻击条件一定时，常规炸弹的CCIP弹着点、CCRP投放点，由投弹条件和炸弹性能唯一确定，而制导炸弹具有一定的控制能力，可以命中连续计算可达域（continuously computed arrive region，CCAR）（见图7-11）中的任何目标。反过来说，激光制导炸弹具有的控制作用，使载机可以用相同的攻击条件，从连续计算投放域（continuously computed release region，CCRR）中的任何一处投弹，都能命中地面上的同一目标（见图7-12）。

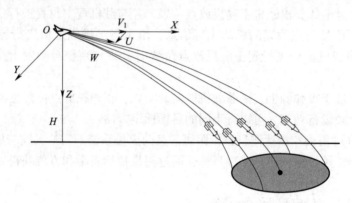

图7-11 连续计算可达域 CCAR

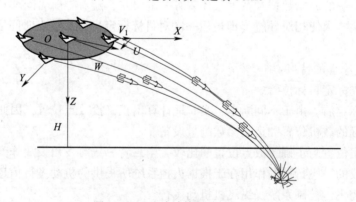

图7-12 连续计算投放域 CCRR

不论是激光制导炸弹的可达域或投放域，都会因为制导炸弹在控制过程中，会受到许多随机误差因素的作用，呈椭圆散布。散布椭圆中的每一点上有着不同的概率值。为了提高激光制导炸弹的命中概率，在火力控制原理中，取散布椭圆中的矩形 $2E_X \times 2E_Y$ 作为实际的可达域或投放域。其中 E_X、E_Y 分别是散布椭圆 X、Y 两个方向上的概率偏差（即半数必中界）。

采用连续计算命中点 CCIP 原理，在激光照射器或激光光斑跟踪器稳定截获跟踪目标条件下，火控系统根据攻击条件，实时计算、显示命中点。飞行员用显示器上显示的炸弹下落线上的菱形瞄准标志瞄准目标，当火控计算机判明目标已处于可达域之内时，发出允许投弹信号，飞行员即可投弹。

采用连续计算投放点 CCRP 原理，在激光照射器或激光光斑跟踪器稳定截获跟踪目标条件下，火控系统根据攻击条件，实时计算、显示出一条垂直的方位操纵线。方位操纵线距空速矢量的距离，代表航向修正量，即指明了载机应改变航向飞行的方向和角度大小。飞行员操纵飞机机动飞行，用方位操纵线压住空速矢量符号，完成方向瞄准。方位操纵线上有一活动的横线，它表示距离瞄准情况，称之为定距瞄准符，定距瞄准符上标有一定大小的"篮框"，当载机空速矢量符进入"篮框"时，表明载机已经处在连续计算投放域之内，火控计算机发出投弹信号，激光制导炸弹自动投下。

小　　结

本章主要对航空火力控制的基本原理进行了介绍。主要说明火控解算的基本概念和有关原理。对空火力控制主要介绍了攻击区的概念、红外寻的导弹的火控原理和中距主动雷达寻的导弹的火控原理；对地火力控制主要介绍了非制导武器和激光制导炸弹的制导原理，连续计算弹着点（CCIP）瞄准原理和连续计算投放点（CCRP）瞄准原理。可较为深入理解机载火控雷达对目标的搜索跟踪、制导武器功能的实现。

复习思考题

1. 航空火力控制有什么特点？
2. 说明导弹攻击区的概念。
3. 简述红外寻的导弹的制导原理。
4. 简述中距主动雷达寻的导弹的火力控制原理。
5. 定轴发射的原理是什么？
6. 直接瞄准的原理是什么？
7. 连续计算弹着点的瞄准原理是什么？
8. 连续计算投放点的瞄准原理是什么？
9. 红外导弹导引头有哪些工作状态？
10. 比例导引法的原理是什么？
11. 试分析风在对地攻击过程中的影响。

参 考 文 献

［1］严利华, 姬宪法, 梅金国. 机载雷达原理与系统［M］. 北京：航空工业出版社, 2010.

［2］梅金国, 严利华, 钟循进. 机载 PD 雷达原理［M］. 北京：军事科学出版社, 2001.

［3］张光义. 相控阵雷达系统［M］. 北京：国防工业出版社, 2001.

［4］中航雷达与电子设备研究院. 雷达系统［M］. 北京：国防工业出版社, 2006.

［5］张光义. 相控阵雷达原理［M］. 北京：国防工业出版社, 2009.

［6］Merrill I. Skolink. 雷达手册［M］. 3 版. 南京电子技术研究所, 译. 北京：电子工业出版社, 2010.

［7］胡航. 现代相控阵雷达阵列处理技术［M］. 北京：国防工业出版社, 2017.

［8］廖桂生, 陶海红, 曾操. 雷达数字波束形成技术［M］. 北京：国防工业出版社, 2017.

［9］葛建军, 张春城. 数字阵列雷达［M］. 北京：国防工业出版社, 2017.

［10］吴洪江, 高学邦. 雷达收发组件芯片技术［M］. 北京：国防工业出版社, 2017.

［11］马晓岩. 现代雷达信号处理［M］. 北京：国防工业出版社, 2013.

［12］张锡祥, 肖开奇, 顾杰. 新体制雷达对抗导论［M］. 北京：北京理工大学出版社, 2010.

［13］桑建华, 沈玉芳. 射频隐身导论［M］. 西安：西北工业大学出版社, 2009.

［14］张明友, 汪学刚. 雷达系统［M］. 北京：电子工业出版社, 2011.

［15］周志刚. 航空综合火力控制原理［M］. 北京：国防工业出版社, 2008.

［16］陈伯孝. 现代雷达系统分析与设计［M］. 西安：西安电子科技大学出版社, 2012.

［17］罗钉. 机载有源相控阵火控雷达技术［M］. 北京：航空工业出版社, 2018.